세 계 의
아이 방
인테리어

세계의 아이 방 인테리어

1판 1쇄 인쇄 2015. 1. 19.
1판 1쇄 발행 2015. 1. 26.

X-knowledge 편집부 지음
나지윤 옮김

발행인 김강유
책임 편집 박주란
책임 디자인 지은혜
제작 안해룡, 박상현
제작처 재원프린팅, 금성엘엔에스, 정문바인텍
해외기획실 차진희, 박은화
마케팅부 김용환, 박제연, 김재연, 백선미, 김새로미, 고은미, 이헌영, 박치우

발행처 김영사
등록 1979년 5월 17일 (제406-2003-036호)
주소 경기도 파주시 문발로 197(문발동) 우편번호 413-120
전화 마케팅부 031)955-3100, 편집부 031)955-3250
팩스 031)955-3111

값은 뒤표지에 있습니다.
ISBN 978-89-349-6970-9 13590

독자 의견 전화 031)955-3200
홈페이지 www.gimmyoung.com
이메일 bestbook@gimmyoung.com

좋은 독자가 좋은 책을 만듭니다.
김영사는 독자 여러분의 의견에 항상 귀 기울이고 있습니다.

THE WORLD'S ROOMS FOR KIDS

세계의 아이 방 인테리어

김영사

THE WORLD'S
ROOMS
FOR KIDS

전 세계 친구들의 방으로 떠나는 여행. 기대되지 않나요?

세계의 아이 방 인테리어

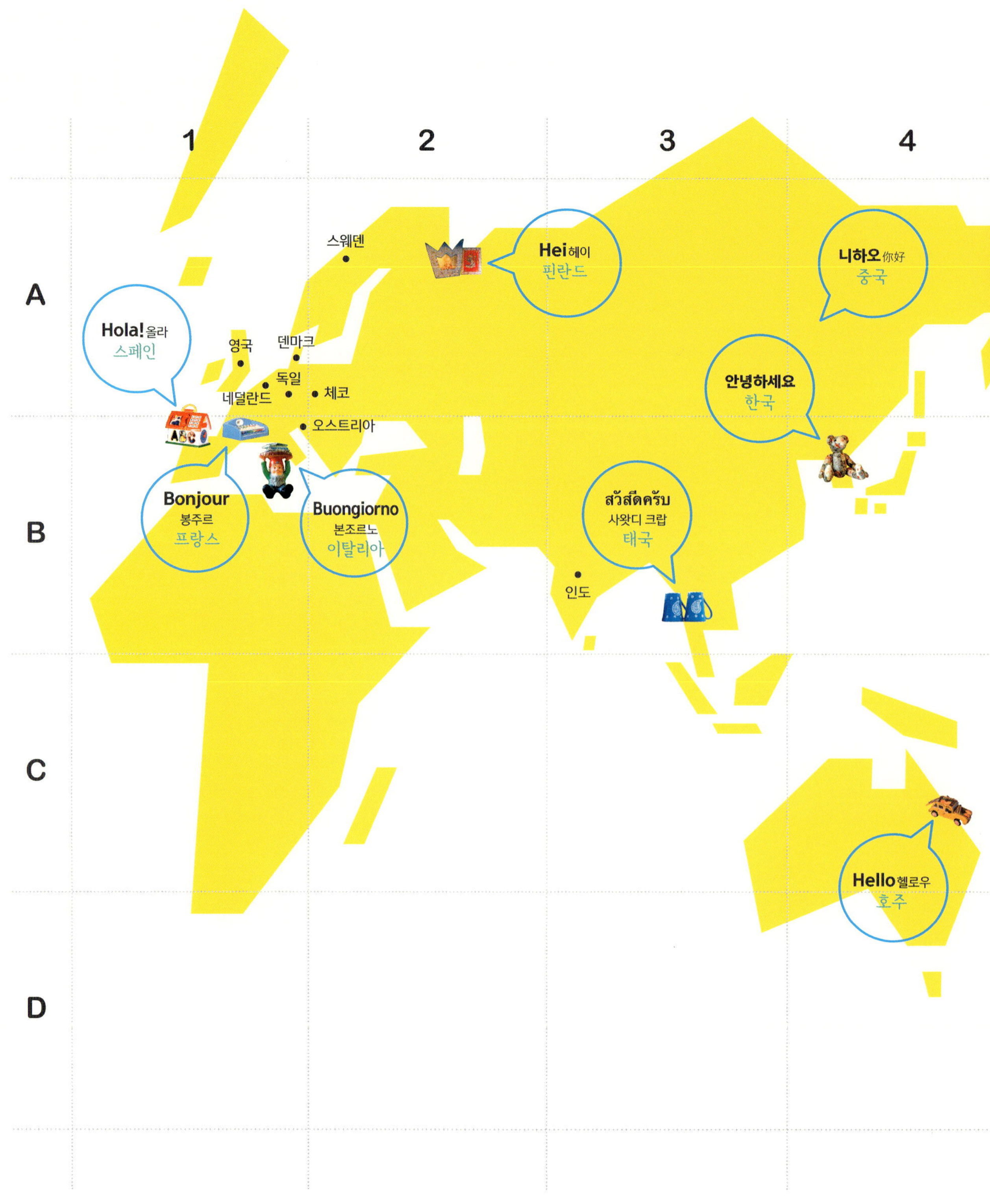

1
2
3
4
A
B
C
D
스웨덴
Hei 헤이
핀란드
니하오 你好
중국
Hola! 올라
스페인
영국
덴마크
독일
네덜란드
체코
오스트리아
안녕하세요
한국
Bonjour
봉주르
프랑스
Buongiorno
본조르노
이탈리아
스왓디크랍
사왓디 크랍
태국
인도
Hello 헬로우
호주

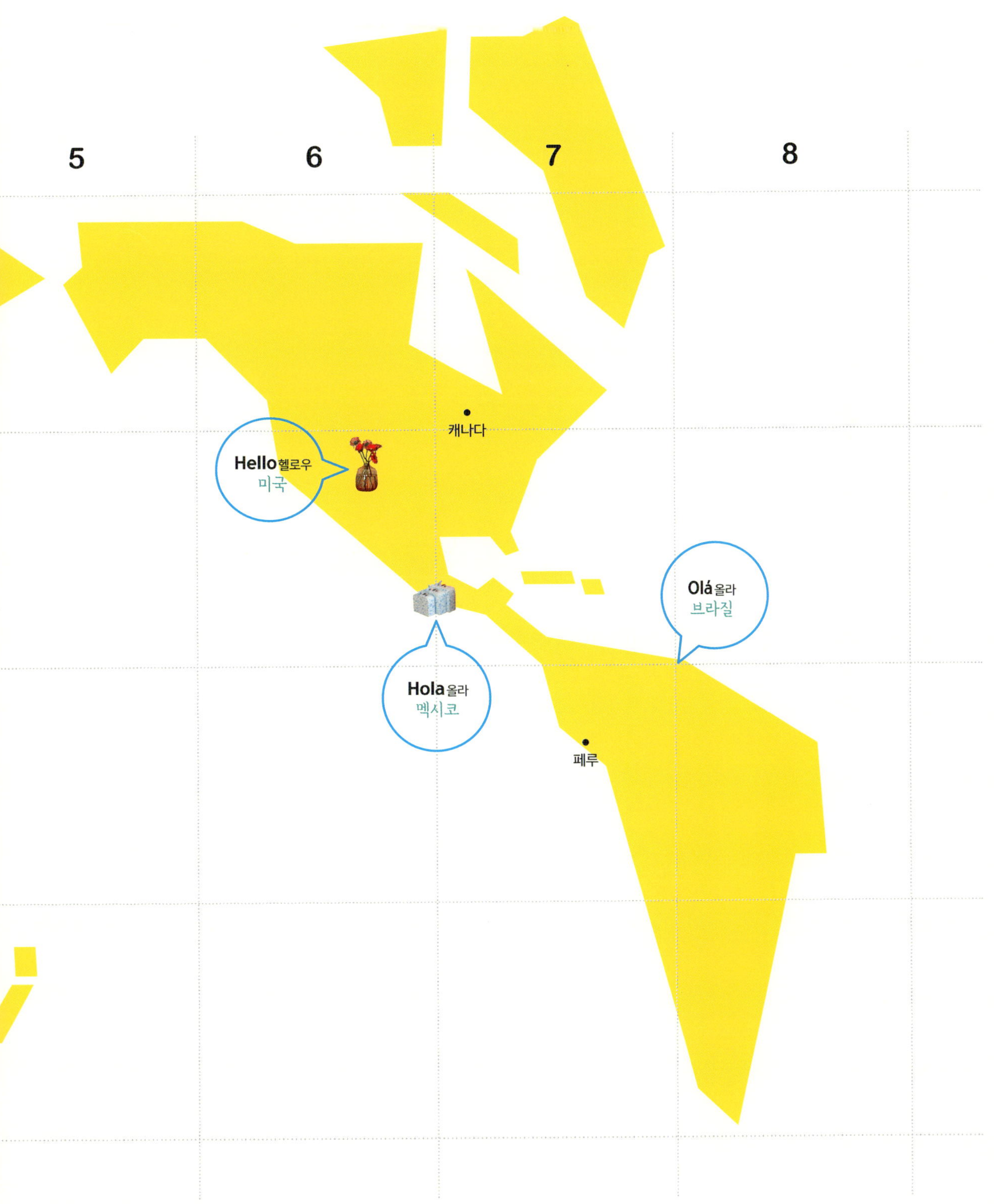
5
6
7
8
캐나다
Hello 헬로우
미국
Olá 올라
브라질
Hola 올라
멕시코
페루

UK 영국

런던 | London

영국이 자랑하는 스타 셰프 제이미 올리버. 잘생긴 외모와 파격적인 요리 스타일로 폭발적인 인기를 모았지만, 그를 더욱 유명하게 만든 건 그동안 벌어들인 돈으로 직업 없는 젊은이들을 위한 요리 교육에 아낌없이 투자한 자선 활동이었다. 두 아이의 아버지이기도 한 올리버는 2003년 학교급식을 개선하기 위해 발 벗고 나섰다. 캠페인 타이틀은 간단하고 강렬했다. '더 좋은 먹거리를 주세요Feed me better'. 이를 위해 고군분투하는 그의 모습이 텔레비전 프로그램 〈제이미의 학교급식Jamie's School Dinners〉에 방영되어 커다란 화제를 불러일으켰다.

영국은 음식이 맛없기로 유명하지만 본래는 감자를 주식으로 고기나 생선, 그리고 삶은 야채를 곁들인 소박한 건강식을 하는 나라였다. 그러나 최근 20년 동안 식문화가 급변해 편리한 가공식품과 정크푸드가 넘쳐나게 되었다. 가정에서는 아이들 식사로 감자튀김, 피자, 치킨 너깃 등 가공식품을 데워주었고 학교급식도 저렴하고 조리가 간단하며 아이들 입맛을 자극하는 저급한 가공식품으로 채워졌다. 그 결과 소아 비만과 아이들 건강 문제가 표면화되기 시작했다.

이러한 상황을 개선하기 위해 올리버는 건강한 급식 만들기에 도전했다. 이미 정크푸드에 익숙해진 아이들은 그의 음식을 고집스레 거부했지만 올리버는 포기하지 않았다. '채소 노래'를 부르게 하고 요리 만들기에 참여시키는 등 끊임없는 노력으로 아이들이 건강한 음식을 먹게 하는 데 성공했다. 결과는 놀라웠다. 올리버의 급식을 먹은 아이들이 건강은 물론 학습 태도까지 좋아진 것. 편식과 식품첨가물의 심각한 폐해도 한층 부각되었다. 이 프로그램은 영국에 엄청난 반향을 일으키며 올리버의 급식 개선 프로그램에 대한 참가 신청이 쇄도했다. 마침내 당시 총리가 급식 개선 예산으로 약 4900억 원의 지원을 약속하며 영국 학교 급식에서 정크푸드가 금지되었다. 영국 아이들의 미래를 바꾸는 데 일조한 올리버의 열정과 노력에 박수를 보낸다.

1 제이미 올리버의 베스트셀러 요리책 《제이미의 저녁Jamie's Dinner》에는 급식 개선 운동을 하던 당시의 모습과 레시피가 담겨 있다.

2 제이미 올리버는 요리사 옷을 입었을 때 가장 멋지다.

3 '더 좋은 먹거리를 주세요' 캠페인을 위해 제작한 홍보물.

런던 │ London

민국 규정이 엄격한 런던은 신축 건물이 드물고 오래된 집을 취향에 맞춰 개조하는 게 일반적이다. 히로와 오틀리 자매가 사는 집도 겉보기엔 지은 지 100년 된 지극히 평범한 건물이지만, 문을 열고 들어가면 정원 쪽으로 새롭게 증축한 유리 지붕의 탁 트인 공간과 모던한 감각으로 개조한 4층짜리 대저택의 공간이 펼쳐진다. 주방과 식당이 있는 1층은 자전거를 타고 질주할 수 있을 만큼 넓다. 2층은 놀이방, 4층은 아이들 전용 공간이라니 그저 부러울 따름. 언니 침실은 주황색, 동생 침실은 보라색, 그 사이에 자리 잡은 자매의 욕실은 연두색으로 꾸며 상큼한 분위기를 연출했다. 놀이방을 따로 분리한 덕분에 침실이 무척 깔끔하다. 아이들의 친구를 위한 손님방까지 완비한 호텔급 구조에 감탄이 절로 나온다. 아이들이 성장하면서 인테리어도 바뀌갈 예정으로 5년 후에는 자매가 자기 방을 직접 꾸미게 할 거라고 한다.

1 가슴이 탁 트이는 정원 쪽 유리 지붕 공간은 주방으로 사용한다. 컬러풀한 인테리어가 넓은 공간에서 톡톡 튀는 포인트가 된다.

2 따뜻한 계절에는 유리문을 활짝 열고 마음껏 뛰논다.

히로 Hero (6세,)
좋아하는 것: 아빠, 요리
장래 희망: 발레리나

오틀리 Ottilie (5세,)
좋아하는 것: 그림 그리기
장래 희망: 생각 중

아빠: 사업가
엄마: 에디터

3 주황색으로 꾸민 히로의 침
실. 천장으로 난 창문을 통해
부드러운 햇살이 쏟아져 들
어온다. 모던하면서도 다락
방 특유의 아늑함이 느껴진
다. 빨간색 하트 장식을 커튼
처럼 늘어뜨린 문 뒤의 공간
은 아이들의 손님방이다.

4 침실과 분리해서 만든 놀이
방. 마음껏 어지럽히고 장난
감을 늘어놓아도 OK.

5 보라색으로 꾸민 오틀리의 침실. 고풍스러운 앤티크 침대와 노란 서랍장이 절묘한 조화를 이룬다.

6 의류 수납은 오픈 스타일. 좋아하는 드레스나 귀여운 아이템을 인테리어 포인트로 활용했다.

7 자매를 위한 욕실. 연두색 페인트를 칠하고 이케아에서 구입한 무당벌레 무늬 매트와 알록달록한 타월로 코디했다.

런던 | London

활기 넘치는 남자아이들을 위해
방 전체가 장난감 상자로 변신했다!

샛노랑을 메인 컬러로 하고 하늘색을 더한 개구쟁이 형제의 방. 벽마다 장난감과 책, 아이들의 추억이 묻어나는 물건이 빽빽이 채워진 공간은 한눈에도 남자아이 방임을 짐작케 한다. 이 집은 런던의 전형적인 주거 양식인 테라스하우스로, 주택이 수평으로 길게 이어진 대로변에 자리한 100년 남짓 된 건물이다. 1층은 주방과 식당, 2층은 방 2개로 이루어진 런던의 일반적인 주택 구조로, 재택근무자가 점점 늘어나면서 방 하나를 작업실로 사용하는 가정이 많아져 방이 부족하다는 불만의 소리가 높아지고 있다. 이 집도 방 하나를 부모의 작업실로 사용하는 까닭에 나머지 방 하나를 형제가 함께 쓴다. 부모는 아이들 방을 애써 넓게 보이려고 하기보다 비좁아도 북적거리고 신나는 공간으로 꾸몄다. 지구가 큼지막하게 그려진 러그, 천장에 매달린 장난감 비행기, 칠판과 다트, 특대형 세계지도 등등 소년의 로망과 호기심이 곳곳에 흘러넘친다.

아빠가 어린 시절 만들었다는 모형 비행기가 아이들 방에서 근사한 소품으로 변신했다. 원래 난로가 있던 벽 안쪽 공간은 수납용으로 사용한다.

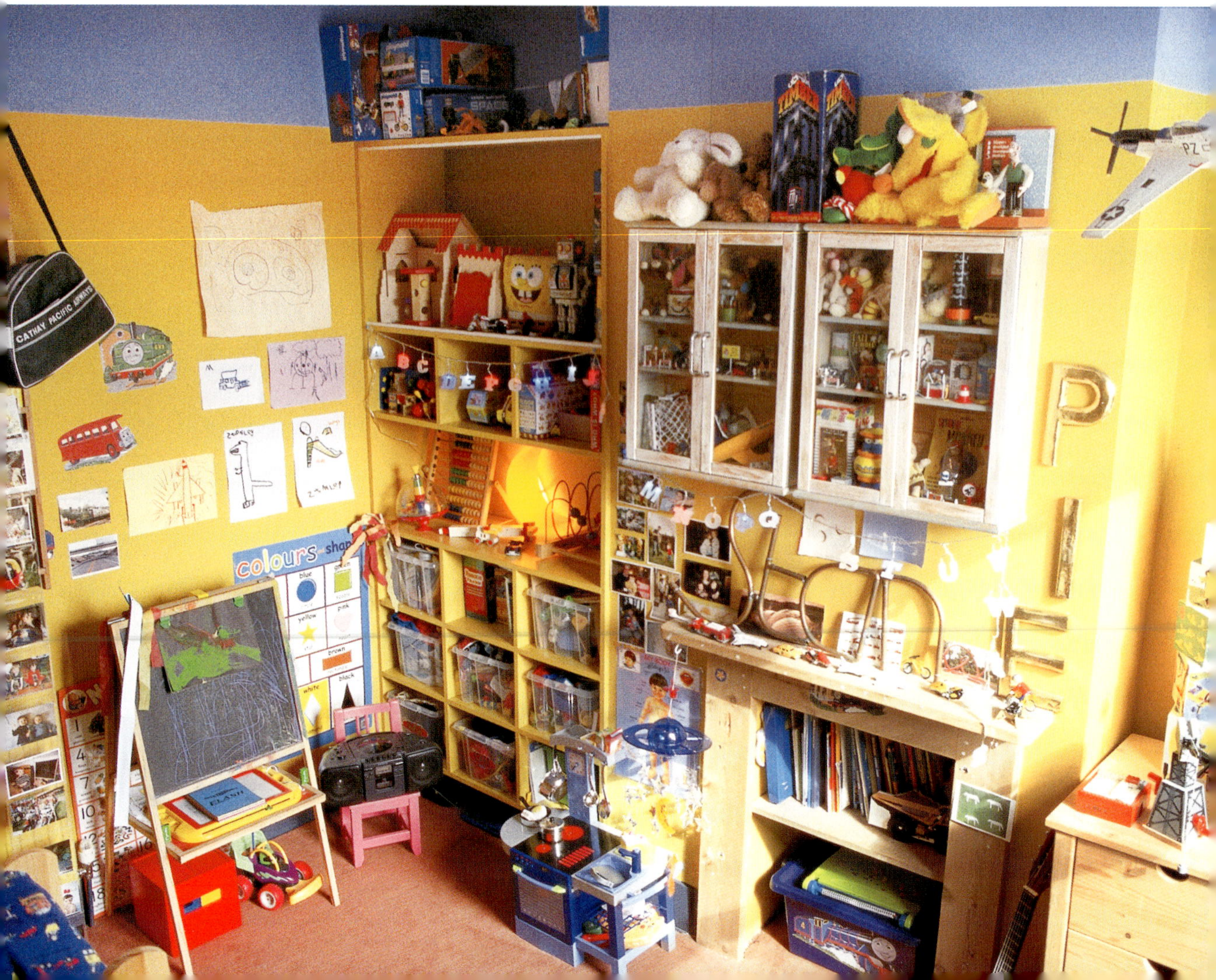

프랭키│Frankie(2세, ☺)
좋아하는 것: 타는 것
장래 희망: 비행기 조종사

스탠리│Stanley(5세, ☺)
좋아하는 것: 축구
장래 희망: 축구 선수

아빠&엄마: 애니메이터

1 문에는 다트를 걸어놓아 틈새 공간을 알뜰하게 활용했다.

2 형제의 사랑을 독차지하는 2층 침대. 부모 모두 어릴 때는 함께 방을 쓰면 단점보다 장점이 더 많다고 생각한다. 스티커를 덕지덕지 붙이고 어지럽혀도 되는 자유로운 형제의 방이다.

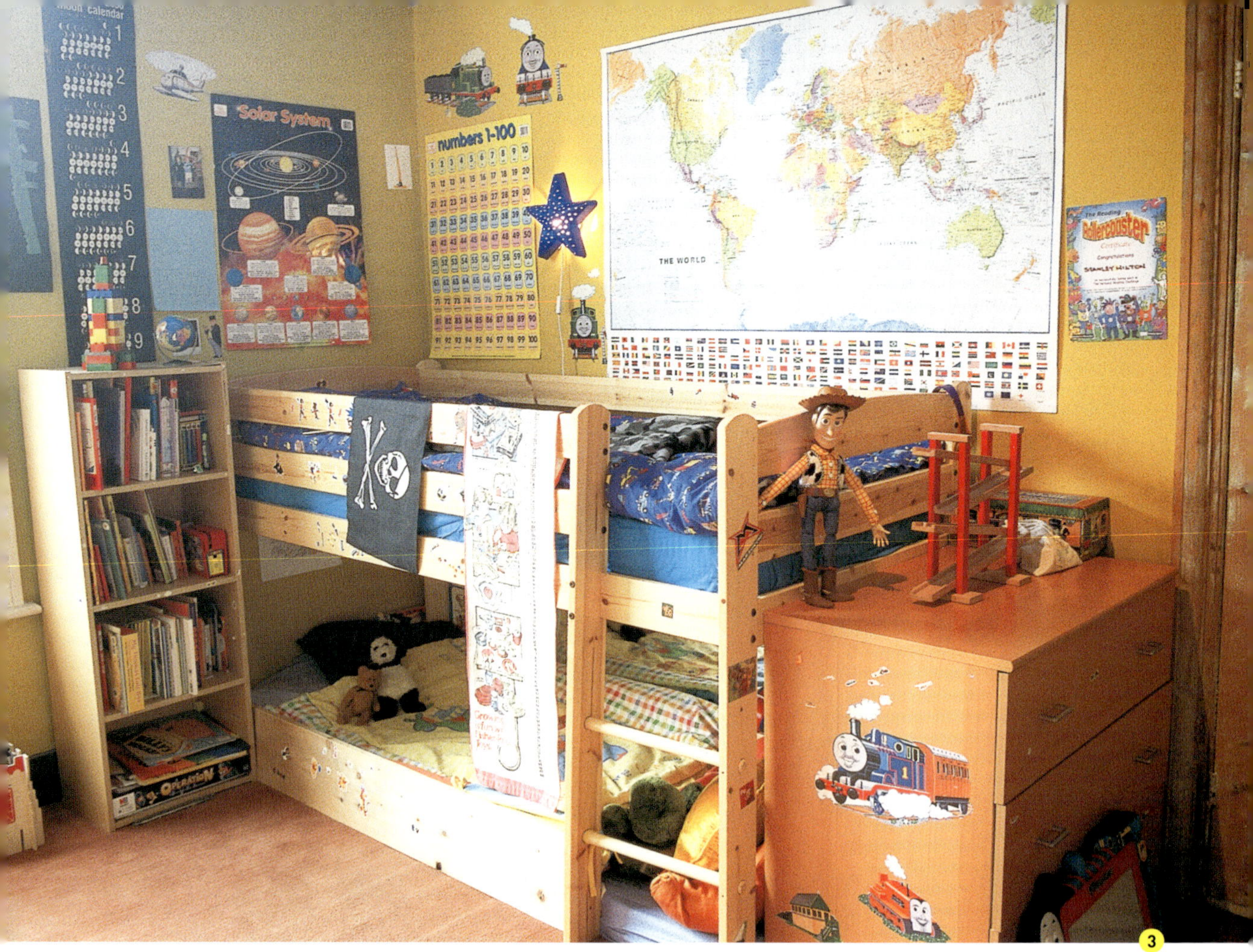

3 맞은편의 왁자지껄한 분위기와 달리 차분한 느낌으로 꾸민 침대 공간. 잠들기 전 독서를 위해 그림책은 침대 옆 책장에 꽂아두었다.

4 지구본과 배 등 남자아이들이 좋아하는 것은 다 모였다. 왼쪽에 탑처럼 쌓아놓은 원목도 아이들이 아끼는 장난감이다.

5 소년의 공간에 소녀풍의 분홍색 의자가 수줍게 놓여 있다.

6 주판을 연상시키는 장난감과 알파벳 장식 등이 학구적 분위기를 풍긴다.

런던 | London

일러스트레이디인 엄미기 손수 만든 인형과 포스터, 그리고 주방도 뚝딱 만들어내는 솜씨 좋은 아빠가 선물한 선반과 인형의 집. 에스미의 방은 부모의 사랑이 담긴 핸드메이드 물건으로 가득하다. 선반에 진열된 장난감 컬렉션은 엄마와 아빠가 어릴 적부터 세계 각지에서 사 모은 아이템. 화려한 플라스틱 장난감도 간간이 보이지만, 부모의 취향을 고스란히 물려받아 옛날 어린이처럼 소탈한 물건에 더 애착을 갖는 에스미가 사랑스럽다. 오래된 물건을 소중히 여기며 자신의 손으로 직접 집 안을 조금씩 바꾸어나가는 모습은 영국 가정의 일반적인 풍경. 그런 의미에서 에스미의 집은 영국식 인테리어의 진수를 보여준다. "딸 방도 아직 완성되지 않았어요. 앞으로 조금씩 더 가꾸어나갈 거예요"라며 미소 짓는 엄마. 엄마를 닮아 미술을 좋아하는 에스미의 그림은 엄마의 작품과 나란히 벽을 장식하기 시작했다. 큰돈 들이지 않고 사랑스러운 공간을 만드는 아이디어가 곳곳에 가득하다.

에스미 Esme(6세,)
좋아하는 것: 그림 그리기
장래 희망: 발레리나

아빠: 대학 강사
엄마: 일러스트레이터

하나하나 손으로 만들어 완성한
영국식 인테리어의 진수

1 왼쪽의 책장은 아빠가 손수 만들었다. 인형의 집은 엄마와 아빠의 합작품.

2 문에 달아놓은 수납 주머니는 엄마의 작품.

3 엄마와 아빠가 하나 둘 모은 장난감 컬렉션은 특별한 때를 제외하고는 오직 눈으로만 감상해야 한다고.

4 왼쪽의 포스터와 모빌은 각각 엄마와 유명 일러스트레이터 엘리자베스 하버 Elizabeth Harbour의 작품. 부모의 예술적 재능을 물려받은 에스미가 자신의 작품으로 오른쪽 벽을 장식했다.

창가 쪽에 자리한 조그만 책상에서 그림을 그리고 글짓기를 하다 보면 하루가 금방 간다는 에스미.
창밖으로는 아빠가 정성스레 손질한 근사한 정원이 보인다.

FRANCE 프랑스

파리 | Paris

향수의 나라 프랑스 사람들은 탄생의 순간부터 갖가지 향수를 접하며 살아간다. 특별한 날 뿌리는 향수, 아이 옷에 가볍게 뿌리는 향수, 가게에서 쇼핑할 때 포장지에 뿌리는 향수 등등 그야말로 향수는 프랑스 사람들에게 생활필수품이라고 해도 과언이 아니다. 프랑스 아이들은 특별한 외출을 위해 한껏 멋을 부린 뒤 마지막으로 오드투알렛eaude toilette(8~10% 정도의 향을 함유한 비교적 연한 향수–역주)을 뿌려야 모든 준비가 끝난다. 단, 안전을 위해 아이 전용 향수에 사용하는 성분은 법률적으로 엄격하게 제한한다. 이를테면 3세 이하의 아기 향수는 무알코올로 만들어야 하며 이에 대한 엄격한 심사를 통과해야만 판매할 수 있다.

최근에는 오렌지꽃 향이 나는 상큼한 향수가 프랑스 엄마들 사이에서 인기가 높다. 아동복 브랜드 봉쁘앙Bonpoint에서는 산뜻한 아이용 향수로 무알코올 2종류와 알코올 함유 1종류를 판매한다. 패션 브랜드 지방시Givenchy와 아동복 브랜드 타티네 쇼콜라Tartine et Chocolat가 공동 개발한 스테디셀러 향수 브랜드 쁘띠 상봉PtiSenbon도 오드투알렛과 아이용 무알코올 시리즈, 같은 향의 비누와 샴푸, 린스를 내놓았고, 비누 브랜드 로제 에 갈레Roget & Gallet에서는 무알코올 향수와 향기 나는 물티슈를 판매하는 등 아이 전용 향수 시장도 경쟁이 치열하다. 백화점에는 아이 전용 향수 코너를 따로 마련해놓을 정도.

일반적으로 아이에게는 우유나 비누 냄새가 어울린다고 생각하기 쉬운데, 향수에 자부심을 지닌 프랑스에서는 어릴 때부터 부모가 아이 향수를 직접 골라준다. 태어날 때부터 각양각색의 무수한 향수를 접하며 자라는 프랑스 아이들은 커가면서 향에 대한 심미안이 생기고 자신에게 어울리는 향수를 잘 찾아낸다고 한다.

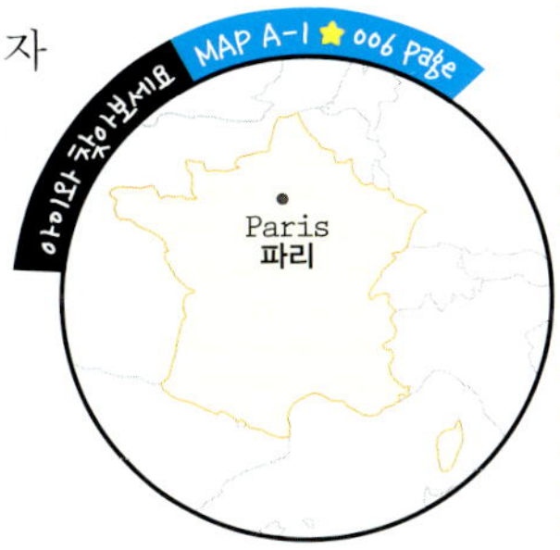

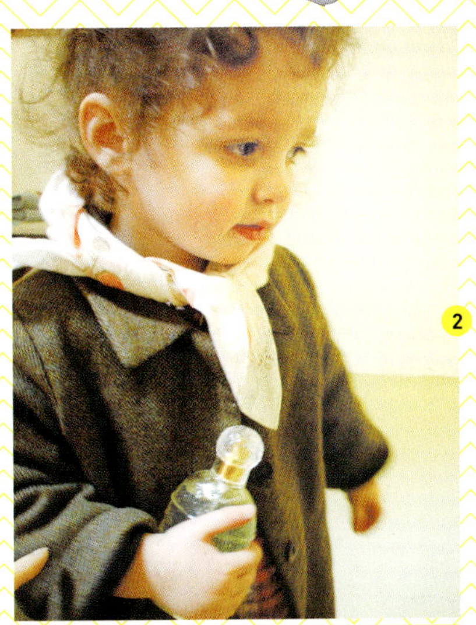

1 지방시의 쁘띠 상봉 오드투알렛 스프레이.

2 아이 전용 향수 쁘띠 겔랑을 손에 든 여자아이.

3 봉쁘앙 향수로 완성한 아이 전용 선물 세트.

콩스탕스 Constance (5세,)

좋아하는 것: 오페라 주인공
나비 부인으로 변장하기

장래 희망: 오페라 가수

아빠: 회사원
엄마: 디자이너

2 하얀 문에 걸어놓은 화려한 옷이 방 안 분위기를 화사하게 만든다.

1 오페라 가수를 꿈꾸는 콩스탕스가 직접 꾸며놓은 서랍장.

3 꽃무늬 삼각형 플래그로 축제 분위기를 연출했다.

4 아기 때 쓰던 물건을 선물 세트처럼 꾸며 장식했다. 매년 생일에 하나씩 늘어나는 은색 컵.

5 미니 피아노 위에는 콩스탕스가 가장 좋아하는 키티 인형이 놓여 있다.

미니 피아노 위의 플로어 램프를 토르소로 활용해 장식 효과를 살렸다. 크림색 원피스의 알록달록한 물방울무늬가 사랑스럽다.

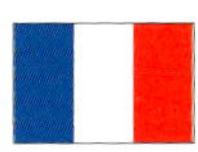

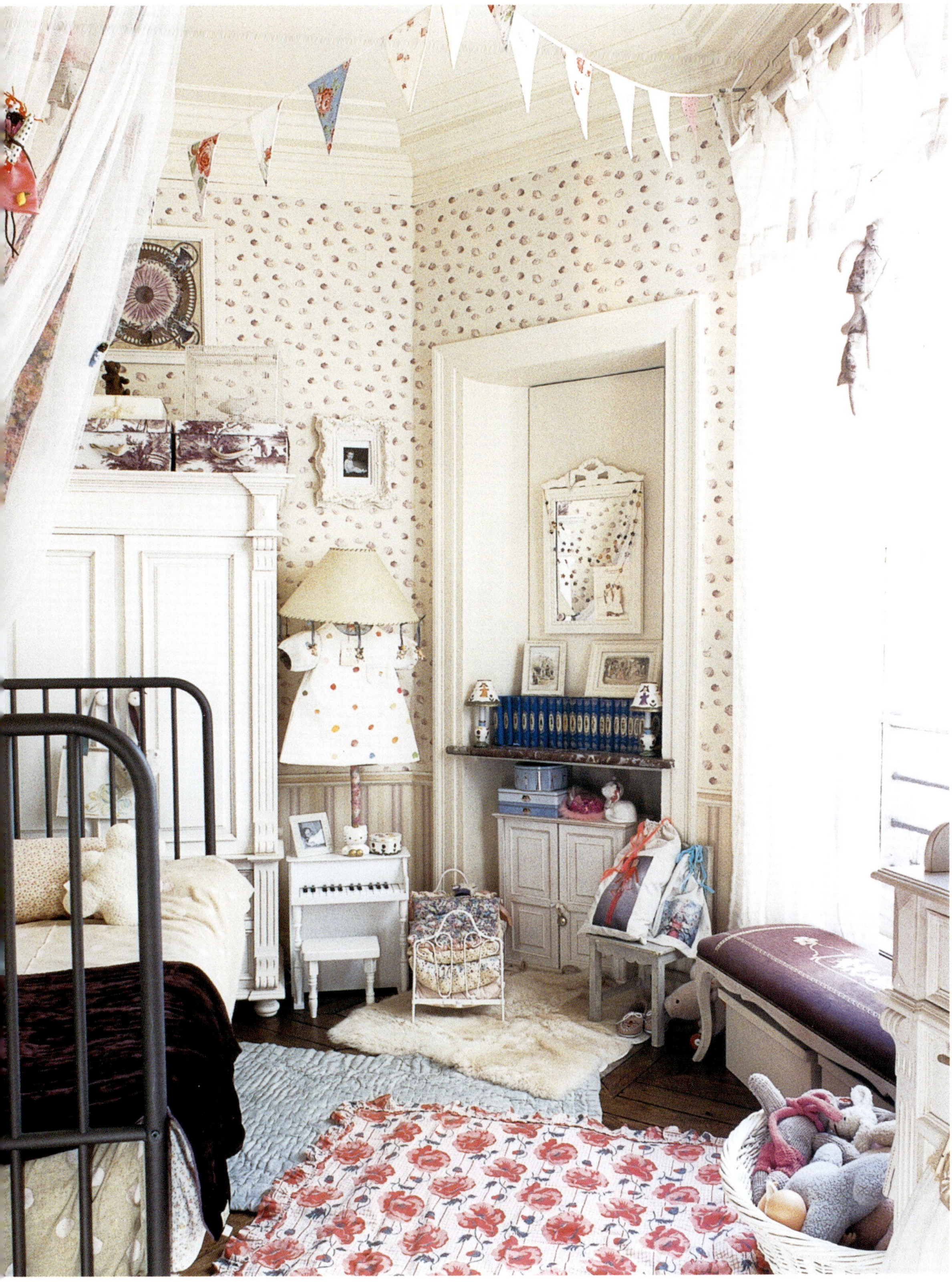

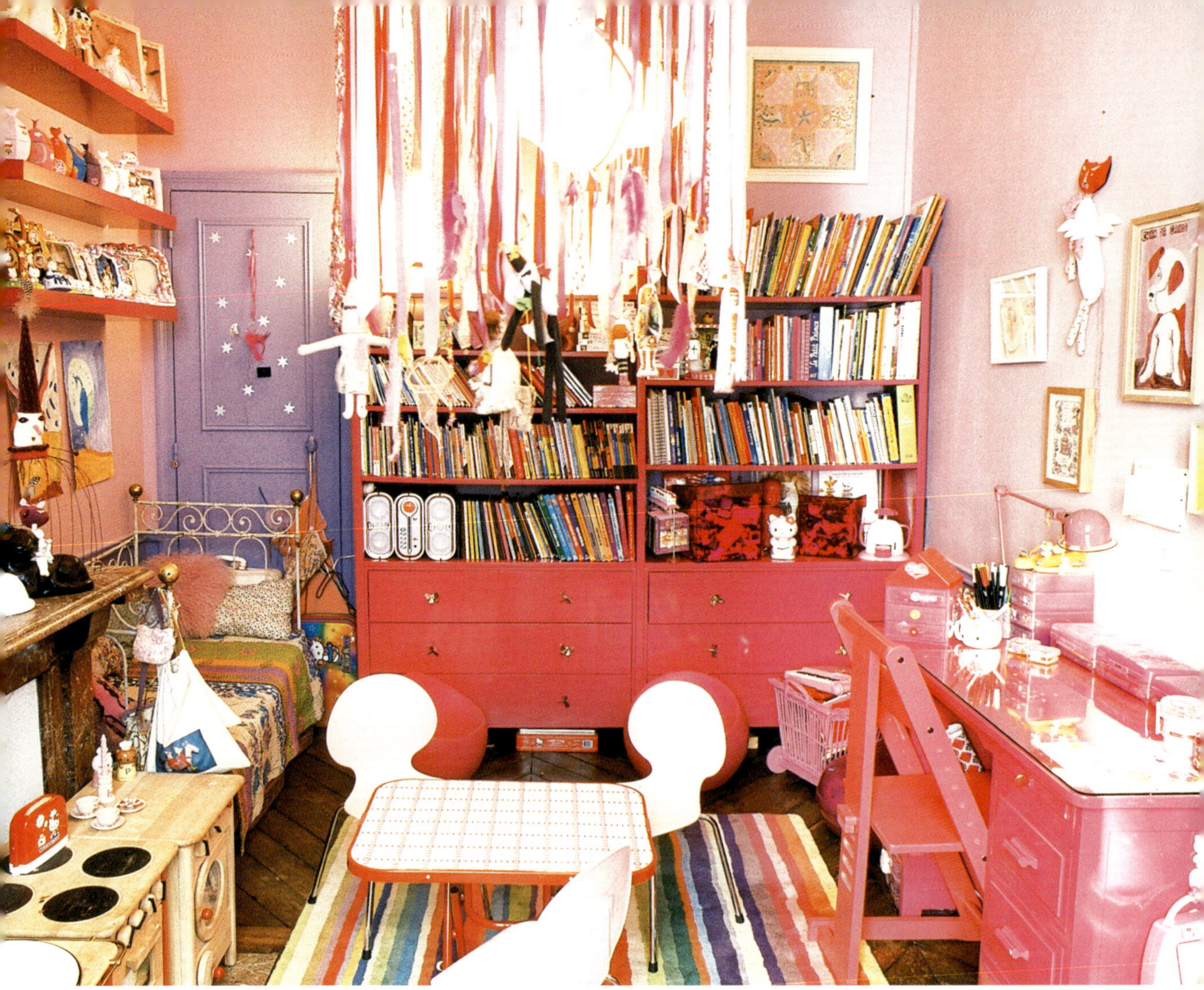

추억을 영구 보관한 베이비 룸
그리고 샹젤리제 조명이 아름다운 멀티 룸

파리 좌안 지역 7구의 멋스러운 공간에 사는 콩스탕스는 방을 두 개나 가진 행운의 소녀. 깨끗하게 흰색으로 꾸민 방은 일명 '베이비 룸'. 콩스탕스가 태어나고 얼마 뒤에 이 집으로 이사를 오게 되었는데, 부모는 예전 집의 장식품이며 벽지까지 모조리 가져와 딸이 아기였을 때 사용하던 방을 완벽하게 재현했다. 신생아 때 신던 신발과 옷가지, 그리고 아기자기한 소품과 매년 아이에게 생일 선물로 주는 은색 컵이 가지런히 진열되어 있다. 콩스탕스의 탄생은 진심으로 축복하고 기뻐했던 마음이 고스란히 전해진다. 또 다른 방은 콩스탕스가 공부하고 음악을 듣고 친구들과 노는 공간이다. 리본을 길게 내려뜨린 대형 샹젤리제 조명이 강렬한 존재감을 뽐낸다. 여기에 다채로운 톤의 분홍색을 사용해 달콤한 분위기를 연출했다.

1 큼지막한 핸드메이드 칠판으로 날마다 엄마가 따뜻한 메시지를 전한다.

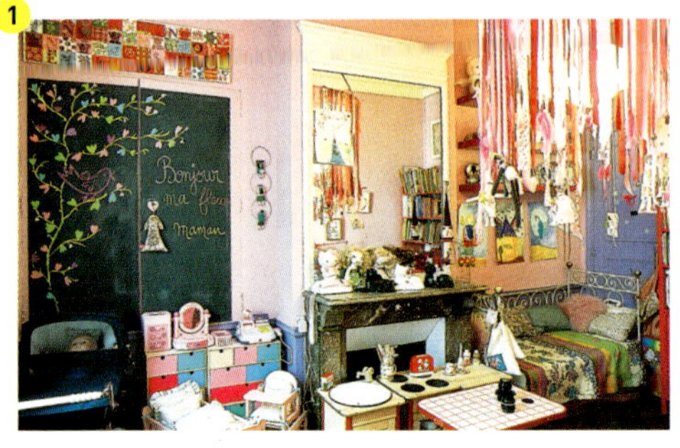

2 콩스탕스의 그림으로 꾸민 갤러리 공간. 화려한 색상의 침대 분위기와도 잘 어울린다. 액자는 로맨틱한 스타일로 통일했다.

3 엄마가 수집하는 아폴린Apolline(프랑스 핸드메이드 인형 브랜드─역주) 인형과 콩스탕스가 애지중지하는 키티 인형.

4 갖가지 아이템으로 활기 넘치는 방. 산만해 보이지 않도록 분홍색을 기본색으로 사용해 통일감이 느껴진다.

파리 중심가에서 약간 떨어진 곳에 위치한 불로뉴 지역은 아이를 키우기 좋은 평화로운 주택가. 이곳의 아파트에서 프랑스인 아빠, 이스라엘인 엄마와 사는 에마뉘엘의 방은 높은 천장과 주방으로 이어지는 커다란 문 덕분에 개방감이 느껴진다. 임부복 브랜드의 디자이너로 일하는 엄마는 오래된 물건과 새 물건, 값비싼 물건과 저렴한 물건을 감각적으로 믹스 매치하는 탁월한 센스를 가졌다. 그런 엄마를 둔 덕에 아이의 방은 한 가지 취향에 얽매이지 않는 자유롭고 편안한 분위기로 완성되었다. 한시도 가만있지 못하는 호기심 왕자 에마뉘엘이 가장 좋아하는 공간은 엄마가 벼룩시장에서 찾아낸 앤티크 침대. 이곳을 아지트 삼아 달님 모양 조명과 컬러풀한 램프, 귀여운 인형 등 좋아하는 물건을 다 모아둔다. 침대 프레임을 장식한 우아한 꽃 모양도 생기발랄한 분위기를 더해준다.

에마뉘엘Emmanuel(2세, ☺)

좋아하는 것: 작은 공
장래 희망: 개 키우기

아빠: 기업 컨설턴트
엄마: 디자이너

아지트는 이탈리아에서 온 앤티크 침대!
장난꾸러기 대장을 따르는 친구들이 몰려온다

1 양쪽으로 방문을 열면 정면으로 보이는 에마뉘엘의 아지트.

2 금색 리본으로 호화롭게 장식한 코끼리 모빌을 방 입구에 걸었다.

3 아빠가 어린 시절에 수집한 미니카도 귀여운 인테리어 소품으로 변신했다.

4 동양적인 느낌을 살린 커튼 끈은 엄마가 직접 만들었다.

동물과 캐릭터 인형 등 에마뉘엘이 좋아하는 것들은 모두 침대 아지트에 오순도순 모여 있다.

늘씬한 팔다리와 독특하고 화사한 디자인으로 감각적인 프랑
스인들의 마음을 사로잡은 인형 아폴린. 아폴린의 디자
이너인 엄마는 20세기 초반의 영국 문화에서 영감
을 받아 사랑스러운 두 딸 마야와 디나의 방을 풍부
한 색채가 매혹적인 공간으로 완성했다. 마야의 방문
을 열면 마치 동화책 속으로 걸어들어가는 듯한 환상을 불러일으킨다.
민트색 벽지, 감각적인 리스 장식, 벽지 테두리를 장식한 오밀조밀한 무
늬, 아기 의자에 느긋하게 앉아 있는 동물 인형, 몽환적인 조명, 백조를
모티브로 한 거울 등 귀여운 아이 방의 수준을 넘어 꿈과 영감을 안겨주
는 기막힌 연출 솜씨에 감탄이 절로 나온다. 동생 디나의 방은 엄마가
만든 인형을 비롯해 세련된 컬러의 소품과 책들이 가득하다. 엄마의 상
상력으로 꾸며준 환상적인 공간에서 아이들은 무궁무진한 상상의 나래
를 펼친다.

동화 속의 공간을 옮겨놓은 듯
아이 방의 수준을 뛰어넘는 영감의 세계

1 조화로 예쁘게 꾸민 리스. 주변에는 나비
가 날아다니는 듯 꾸며 생동감을 더했다.

마야**Maya**(5세, )
좋아하는 것: 클래식 발레
장래 희망: 피터 팬

2 두 아이가 태어나기 전부터 엄마가 수집한 그림책이 선반에 가득하다. 아이에게 책을 읽어주는 시간은 무엇보다 소중하다고.

3 여자아이들의 필수품. 소꿉놀이 세트는 인테리어 소품이 되기도 한다.

4 엄마가 직접 만든 아폴린 인형.

디나**Dinah**(2세, )
좋아하는 것: 공원 놀러 가기
장래 희망: 미정

아빠: 심리 카운슬러
엄마: 디자이너

5

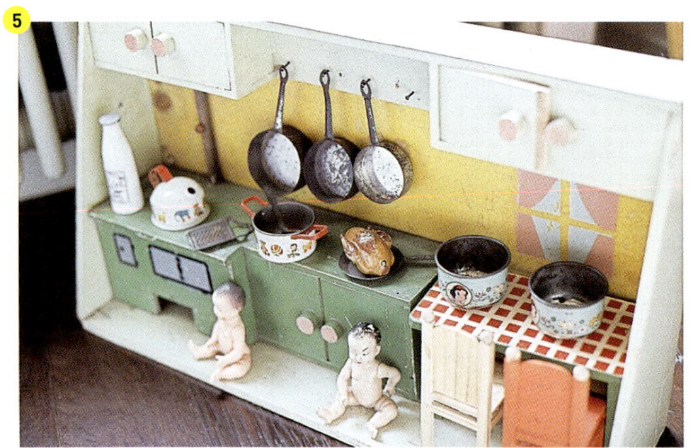

5 아이 방 분위기에 맞는 색감으로 선택한 주방 놀이 세트.

6 깜찍한 꽃무늬 모빌은 움직일 때 더욱 아름답다.

7 아이 방은 밝고 알록달록해야 한다는 편견을 깬 디나의 방. 쿠션, 의자, 카펫 등 가구와 소품을 대부분 차분하고 시크한 색감으로 선택했다.

6

7

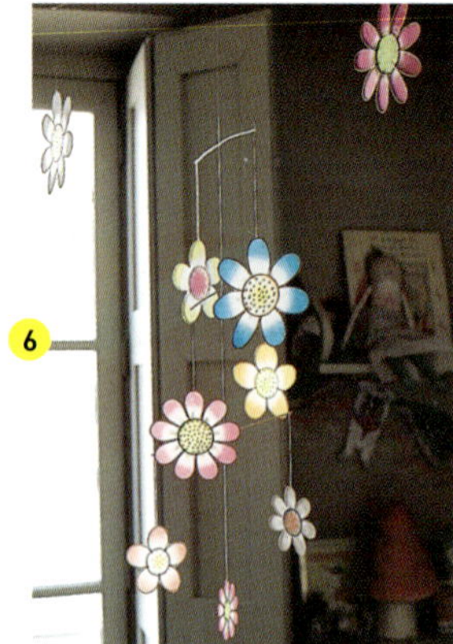

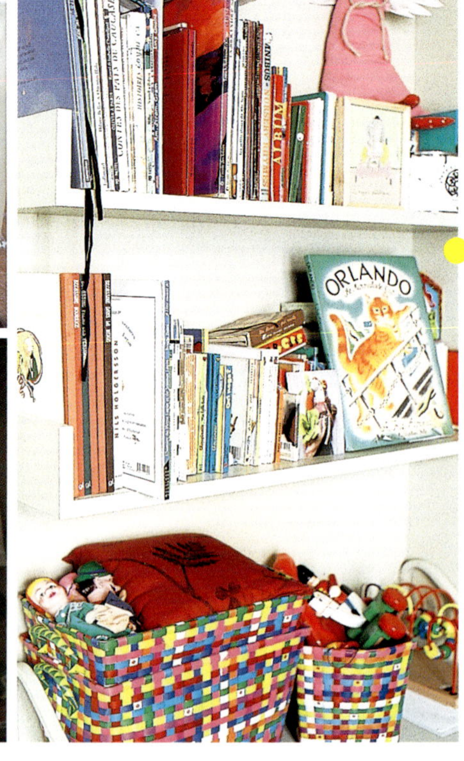

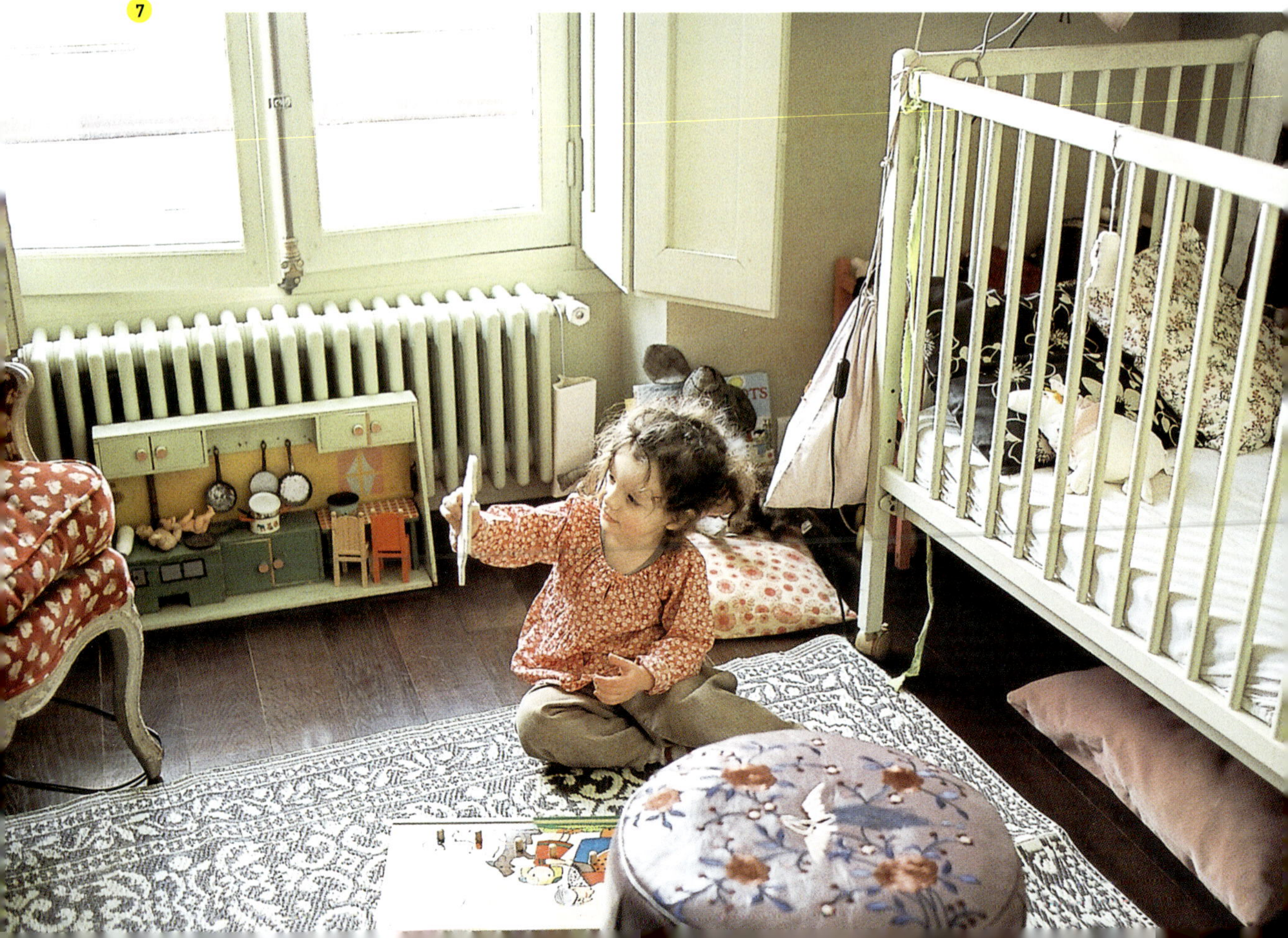

SPAIN 스페인

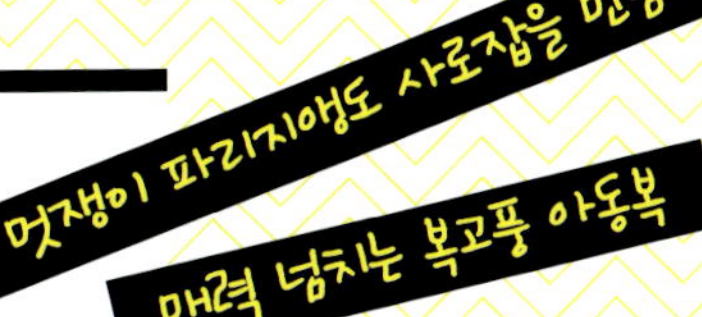

톨레도 | Toledo

1975년에 민주주의 국가로 새롭게 출발한 스페인. 그 전까지 어둡고 폐쇄적인 독재 정권하에 있던 영향인지 패션과 인테리어에 오래된 정취를 머금은 복고풍 분위기가 물씬 풍긴다. 아동복 브랜드 마에소Maeso의 면 소재 원피스가 대표적인데, 풍성하고 나풀거리는 치맛단은 프랑스 고전 영화 속 여인들의 스타일을 떠올리게 한다. 이처럼 유럽의 고전주의를 반영하는 볼륨감 넘치는 원피스는 톨레도에 즐비한 아동복 매장의 쇼윈도를 수놓는 일반적인 아이템. 이곳에 관광 온 프랑스들이 아련한 향수를 느끼며 선뜻 지갑을 연다고 한다.

아동용 신발 역시 클래식한 디자인이 인기다. 스페인의 대표적인 아동 신발 브랜드 호비Hobby의 제품은 발끝이 동그랗고 리본이나 끈으로 장식한 디자인이 대부분으로, 고전 영화 속 청순하고 귀여운 소녀의 이미지를 연상시킨다.

2000년대 초반부터 스페인은 중국제 카피 제품으로 몸살을 앓고 있다. 스페인의 유명 디자인을 중국에서 똑같이 카피해 다시 스페인에 유입시키는 것. 이런 악순환은 신발 생산지로 유명한 지중해 연안 마을인 엘체에도 영향을 미쳐 핸드메이드 신발 공장이 잇달아 도산하는 사태가 발생하며 스페인과 중국의 무역 갈등이 일어나기도 했다. 신발을 대부분 엘체의 공장에서 생산하는 호비는 어려운 조건에서도 스페인 산업의 자부심을 가지고 전통적 디자인을 계승하고 있다고 한다.

MAP B-1 ★ 006 Page

Toledo
톨레도

유네스코 세계유산으로 지정된 톨레도의 구시가지. 그곳에서 차로 10분쯤 거리에 필라르가 사는 4층짜리 아파트가 있다. 분홍색과 오렌지색의 조합이 포근한 인상을 주는 필라르의 방은 천진난만했던 소녀 시절과 숙녀가 되어가는 현재의 모습이 잘 어우러져 있다. 고등학교 입학시험 준비에 여념이 없는 필라르가 가장 아끼는 곰 인형과 짙푸른 의자, 초등학교 6학년 때 선생님에게 칭찬받은 그림, 12년간 배운 발레복과 슈즈, 걸스카우트로 활동하던 시절 방문했던 폴란드에서 지역신문에 소개된 기사를 스크랩한 액자(프로필 사진) 등 조금씩 어른으로 성장해가는 필라르의 모습이 하나하나의 소품이 되어 고스란히 담겨 있다. 활기찬 필라르의 성격처럼 밝고 화려한 색감이 중심을 이루고 여기에 온화한 느낌의 조명과 블라인드를 더해 차분한 분위기를 연출했다.

우아한 발레 옷부터 정다운 곰 인형까지
아이의 추억으로 꾸민 방

필라르Pilar(16세,)
좋아하는 것: 클래식 발레
장래 희망: 여배우

아빠: 은행 지점장, 변호사
엄마: 유엔 기구 직원

1 벽에는 12년간 배운 발레 학원 수료증을 걸어두었다.

2 귀여운 모양의 옷걸이에 걸어둔 발레복. 심플한 원목 서랍장 위에는 필라르가 좋아하는 소품을 가득 진열했다.

3 코르크보드에 붙여놓은 알록달록한 이니셜 소품은 아이 방에 단골로 등장하는 인테리어 아이템이다.

4

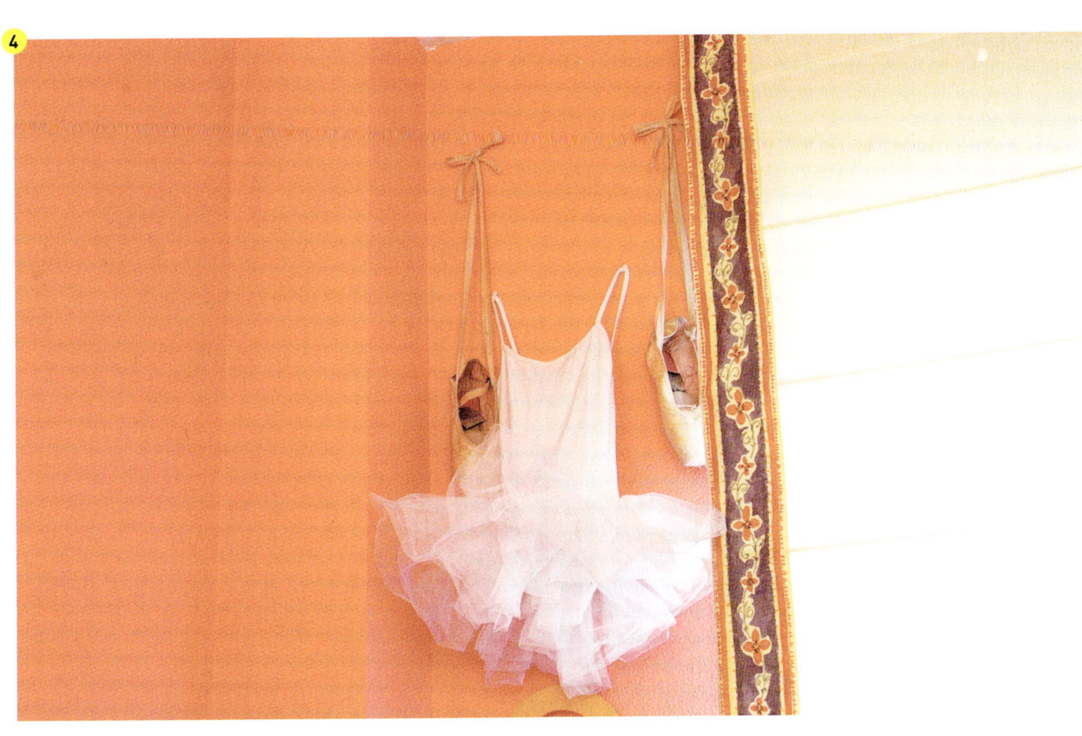

4 발레를 사랑하는 소녀답게 어릴 때부터 입던 발레복이 곳곳에 걸려 있다. 사랑스러운 소녀 감성이 묻어난다.

5 주황색으로 꾸민 벽의 존재감이 강렬하다.

5

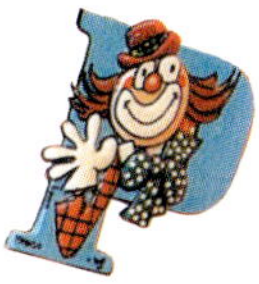

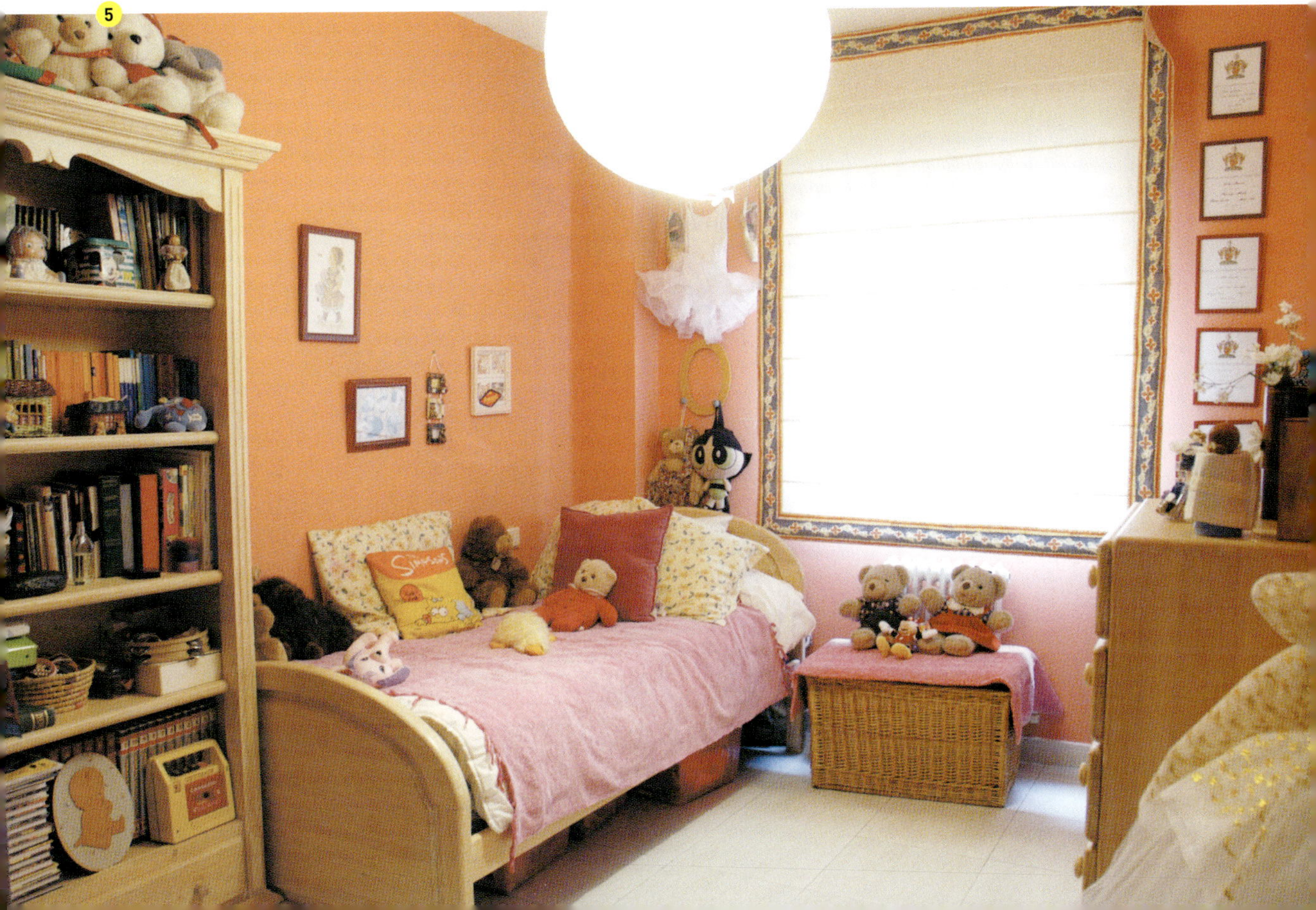

올리브 향기가 코끝을 자극하는 목가적 풍경 속에 자리 잡은 코코의 집. 어린 여자아이의 방도 주변 풍경처럼 평온한 분위기가 가득하다. 흰색 바탕의 원목 가구와 친환경 면 소재 러그 등 천연 소재를 사용한 인테리어는 몸과 마음을 편안하게 만들어준다. 하늘하늘한 흰색 레이스를 풍성하게 사용한 천장의 조명과 커튼으로 청순한 분위기를 연출했다. 어느 하나 튀는 것 없이 소박하고 정겨운 분위기의 가구와 소품이 조화를 이룬다. 온 가족이 사랑하는 강아지 클로드와 노는 것을 가장 좋아하는 순하고 착한 아이 코코. 방과 주인이 서로 닮아 있다.

코코 크리스티나 Kokó Cristina(1세, ［　］)

좋아하는 것: 애견 클로드, 원목 의자

아빠&엄마: 피아니스트

1 아기자기한 감성이 엿보이는 침대.

2 부모의 친구가 선물한 나무 그림에 무심하게 걸어놓은 청진기가 센스있게 보인다.

3 인형 수납함을 사이에 두고 마주한 소박하고 정겨운 원목 의자. 운치 있는 등나무 스툴과 가죽을 덧댄 의자가 세트처럼 잘 어울린다.

4 장식장에는 러시아 전통 인형부터 아담한 사이즈의 부채, 도자기 접시까지 다양한 소품이 가지런히 진열되어 있다.

인위적인 컬러는 배제하고, 차분하고 정감 어린 컬러와 소품으로 연출한 코코의 방.

얼마 전까지 천장 높은 방을 여동생과 함께 썼던 에나. 현재는 나무 벽으로 공간을 분리하고 각각 계단을 만들어 자기만의 방을 얻었다. 색채 감각이 탁월한 엄마가 직접 페인트칠한 벽은 자유로운 예술가적 감성이 한껏 느껴진다. 노란색 책상, 빨간색 의자, 자주색 침대 커버, 오렌지색 벽면 등 보기만 해도 눈이 아찔해지는 강렬한 색감이 의외의 조화를 이루며 무한한 생명력을 뿜어낸다. 이와 대조적으로 곳곳에 자리한 오리엔탈풍의 소품은 은은하고 차분한 분위기를 풍긴다. 침대 위 선반에 웃음을 짓고 앉아 있는 불상, 살포시 늘어진 채 천장에 걸려 있는 인도풍 스카프, 모로코 램프 등 이국적 정취가 배어 나오는 갖가지 아이템이 정열적인 색채의 공간 속에서 신비로운 분위기를 자아낸다.

석양의 빛깔을 그대로 담은 듯
다락방에 꾸민 예술가의 아지트

에나Ena(11세,)
좋아하는 것: 독서
장래 희망: 고고학자
아빠: 보험회사 직원
엄마: 시간제 근무

1 사각형으로 구멍이 뚫린 창 사이즈에 꼭 들어맞는 햄스터 집. 알록달록한 색감이 에나의 방에 잘 어울린다.

2 나무 소재를 그대로 살린 옷장은 만화 스티커의 컬렉션 공간으로 활용했다.

3 옛날 물건에 관심이 많은 에나. 구슬, 돼지 저금통, 뱀 장식 등 좋아하는 것들을 모았더니 자기만의 개성이 넘친다

4 하늘을 붉게 물들이는 강렬한 석양빛이 연상되는 방 안은 무한한 영감을 주는 예술가의 아지트 같다.

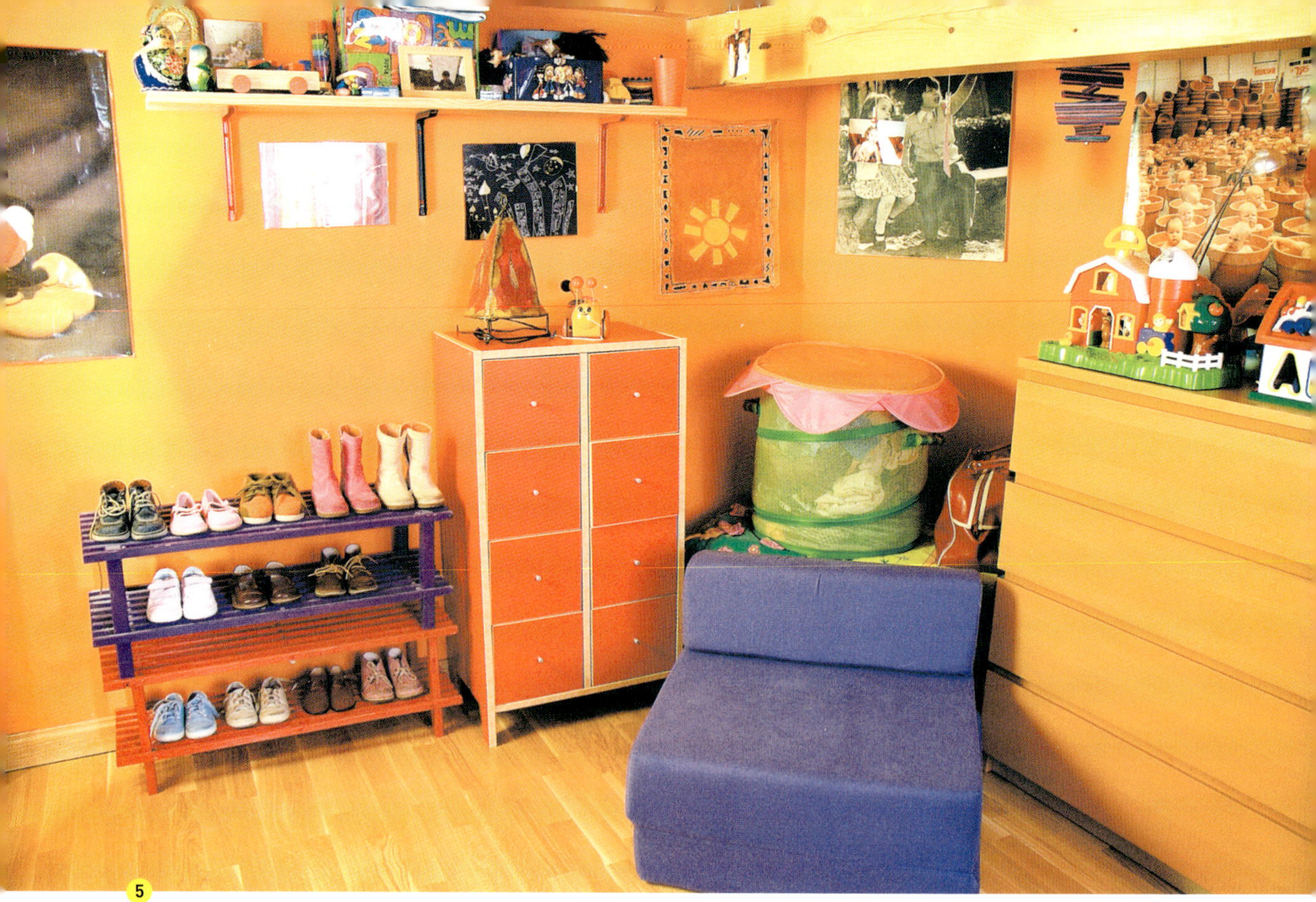

5 언니 방에 비해 아기자기하게 꾸민 동생 방. 마음에 드는 신
  발을 가지런히 진열해 인테리어 효과를 살렸다.

6 육중한 천장 대들보에도 오랜지색의 컬러를 더해 개성 넘치
  는 분위기를 완성했다.

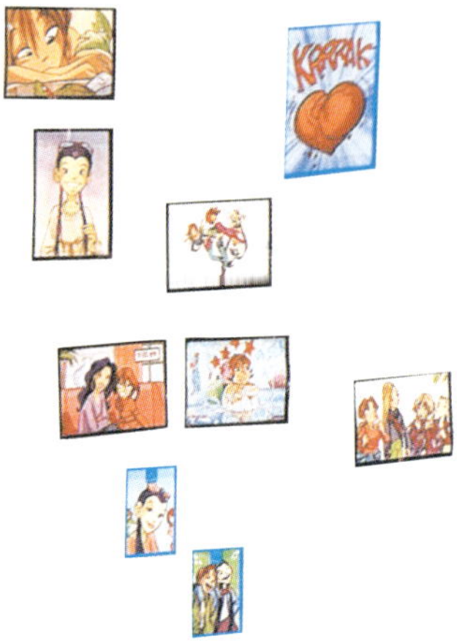

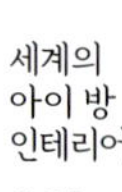

ITALY
이탈리아

밀라노 | Milan

다양한 미디어에서 광고 모델로 출연하는 아이들. 그중에서도 아이들이 출연하는 텔레비전 광고는 그 파급력이 엄청난 탓에 언제나 논란의 대상이었다. 이탈리아에서는 2004년 14세 이하 아동의 광고 출연을 금지하는 법률이 제정되었다. 법률화를 이끌어낸 주장은 크게 두 가지였다. 첫 번째는 미디어에 나오는 아이의 모습이 누드와 폭력처럼 시각적인 자극을 주면서 모방심리를 촉발시키므로 규제가 필요하다는 것. 두 번째는 어른이 만든 허구의 세계에 아이를 끌어들이는 것 자체가 윤리적으로 적절치 않다는 것이다.
중학교까지 부모가 아이를 학교에 배웅하고 마중하는 일을 당연하게 여기는 이탈리아에서 아이의 광고 출연 규제는 자연스러운 흐름으로 보이지만 여기에 커다란 모순이 있다. 규제에도 불구하고 이탈리아 광고에 심심치 않게 아이들이 등장하는 것. 알고 보니 자국의 아이들을 대상으로 하는 법의 허점을 악용해 기업과 광고업자들이 다른 나라의 아이를 모델로 기용하는 것.
아이를 마케팅의 도구로 삼는 일련의 상황에 대한 문제의식 아래 2004년에 탄생한 단체가 있다. 이탈리아어로 '감시하는 곳'이라는 뜻의 로세르바토리오L'osservatorio. 흥미로운 점은 이곳의 감독자가 이탈리아의 거대 아동복 기업의 오너 부부라는 사실이다. 누구보다 아동 산업의 정점에 있으면서도 솔선수범해 스스로를 규제하며 자중하려는 노력은 우리 사회에서 쉽게 볼 수 없는 모습이다.

텔레비전 광고, 패키지 디자인, 거리에서 볼 수 있는 옥외 광고 등 아이들은 수많은 광고에 등장한다. 어른들의 걱정은 아랑곳없이 순수하고 천진난만한 표정을 짓고 있다.

아이와 꼭 같이 가보세요 MAP B-1 ★ 006 Page

• Milan
밀라노

마틸다와 귀도의 집은 원래 공장 건물이었던 것을 현대적인 아파트로 대대적으로 개조했는데, 집 안에 들어서면 넓은 공간과 높은 천장 덕분에 가슴이 탁 트인다.

1층은 가족이 함께 시간을 보내는 주방과 거실로 되어 있고 거실 안쪽과 2층의 절반은 남매를 위한 공간으로 할애했다. 층마다 노는 장소와 쉬는 장소가 뚜렷하게 구별되어 있어 공간에 따라 아이들의 태도도 자연스레 바뀐다고. 계단을 내려가면 활기가 넘치고 계단을 올라가면 차분해진다. 또한 계단 밑을 장난감을 정리하는 공간으로 사용하는 등 구석구석을 알뜰하게 활용했다. 2층은 남매의 침실과 부모의 침실이 조그만 문으로 이어진 미로 같은 구조. '사이좋은 남매라도 프라이버시는 존중한다'는 엄마의 배려가 반영된 결과라고 한다.

1 숙모가 만들어준 인형. 의자는 남매가 사용하던 것이다.

2 귀도가 좋아하는 팽이. 손만 대면 망가뜨리기 일쑤라 늘 엄마의 꾸중을 듣는다.

3 인형의 집 가구들은 마틸다가 직접 배치했다.

4 손 모양으로 색종이를 잘라 붙였을 뿐인데 팝아트처럼 감각적이다.

5 좋아하는 원석 컬렉션은 마틸다가 직접 꾸몄다. 뭐든 아이 스스로 꾸미게 한 것이 인테리어 포인트.

1층은 놀이방 2층은 침실
이케아 제품으로 심플하게 완성한 아이들만의 공간

귀도 Guido(7세, ☺)
좋아하는 것: 팽이
장래 희망: 축구 선수 혹은 농구 선수

마틸다 Matildae(9세, 👧)
좋아하는 것: 인형의 집
장래 희망: 가수 혹은 디자이너

아빠: 그래픽 디자이너
엄마: 에디터

애견 네라가 두 아이를 찾아 계단을 올라가고 있다. 계단 아래쪽도 알뜰하게 수납 공간으로 활용했다.

6 2층에서 내려다본 1층 모습. 이케아에서 구입한 테이블과 쿠션, 러그, 장난감 등 가구와 소품의 색감이 발랄하다.

7 길쭉한 구조의 방은 다소 좁은 느낌을 주지만 공부나 휴식에는 안성맞춤. 두 아이의 방에는 같은 기구를 배치하되 작은 소품으로 변화를 줬다.

8 침대 헤드를 장식한 상큼한 꽃 장식과 아이들의 책상으로 활용한 테이블도 모두 이케아 제품.

밀라노 | Milan

노란빛이 맴도는 민트색 벽에 상큼한 색상의 가구와 장난감, 소품이 유쾌하게 어우러진 카롤리나와 펠릭스의 방. 오색찬란한 색감과 격자무늬 천장이 모던한 분위기를 연출한다. 자연광이 가득 들어오는 놀이방은 가구를 최소한으로 줄여 장난감을 마음껏 펼쳐놓고 놀기에 최적의 장소로 꾸몄다. 펠릭스와 카롤리나가 새빨간 장난감 스포츠카와 아기 인형을 태운 베이비 카를 가지고 마음껏 달릴 수 있을 정도로 널찍하다. 놀이방에 놓인 물건들은 원래 정해진 위치 따윈 없어서 날마다 방의 느낌이 달라진다. 이와 대조적으로 벽면 한쪽을 수납공간으로 만들어 자질구레한 물건을 정리한 침실은 깔끔하고 차분한 느낌을 준다. 놀이방과 침실 사이의 문을 없애고 하나로 연결해 아이들이 자유롭게 생활할 수 있도록 했다.

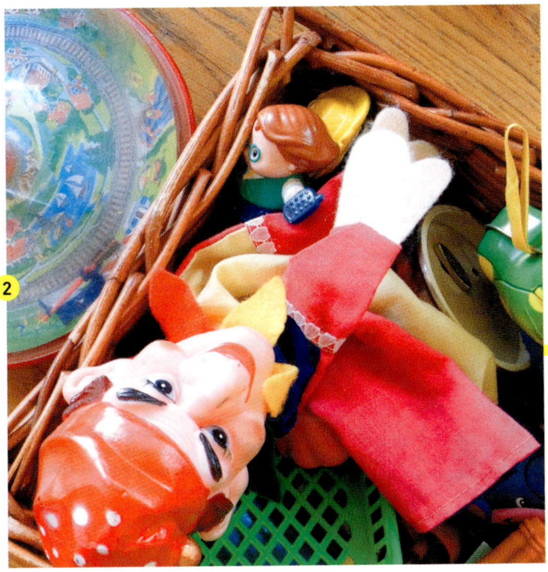

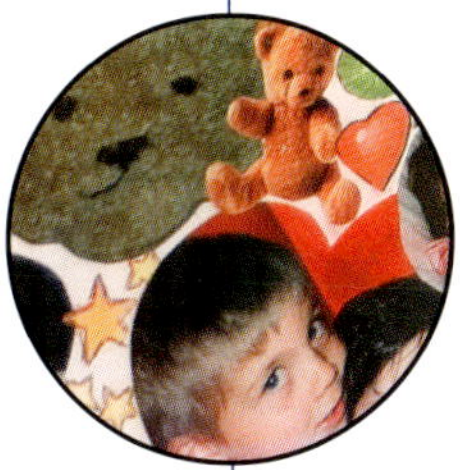

펠릭스Felix(5세,)
좋아하는 것: 장난감 스포츠카
장래 희망: 가수 혹은 모델

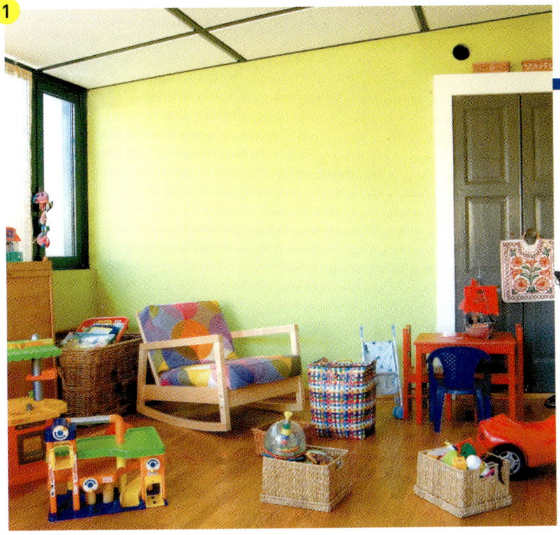

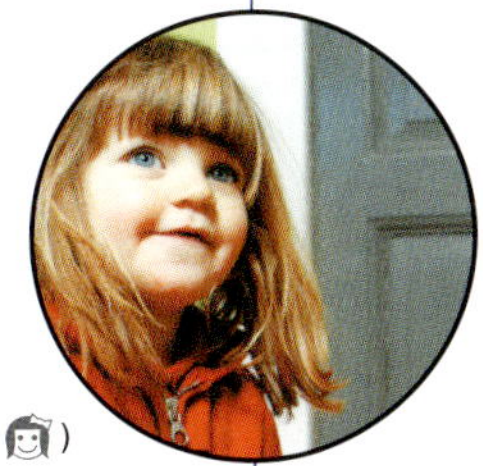

카롤리나Karolina(2세,)
좋아하는 것: 레고와 아기 인형
장래 희망: 미용사

아빠: 음악 프로듀서
엄마: 편집 매장 직원

1 장난감은 상자에 깔끔하게 수납한다. 상자 위치는 그날그날 마음가는 대로 정한다.

2 밝은 햇살을 받으며 옹기종기 모여 있는 장난감. 방 안에서도 아이들의 상상력이 무한히 자라난다.

3 새빨간 소파와 꽃 모양 러그, 세계적 디자이너 필립 스탁Philippe Starck이 만든 귀여운 난쟁이 테이블 등으로 꾸민 놀이방. 톡톡 튀는 아이템을 구경하는 재미가 쏠쏠하다.

4 펠릭스와 카롤리나가 가장 사랑하는 장난감 레고.

5 등받이 부분이 깜찍한 아기 의자에는 꽃 모양 러그와 똑같은 진분홍색 방석을 놓았다.

6 아빠가 프로모션 비디오를 제작할 때 사용했다는 말 모양 막대 인형. 반응이 괜찮아 아이들의 홈 비디오를 찍을 때도 활용했다. 남매가 사이좋게 하나씩.

강렬한 햇빛을 커튼으로 차단해 아늑한 잠자리로 만든 침실. 오직 휴식을 위한 공간으로 장난감은 최대한 배제했다.

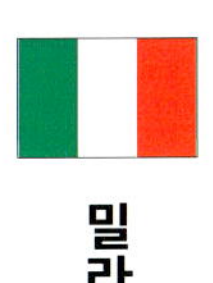

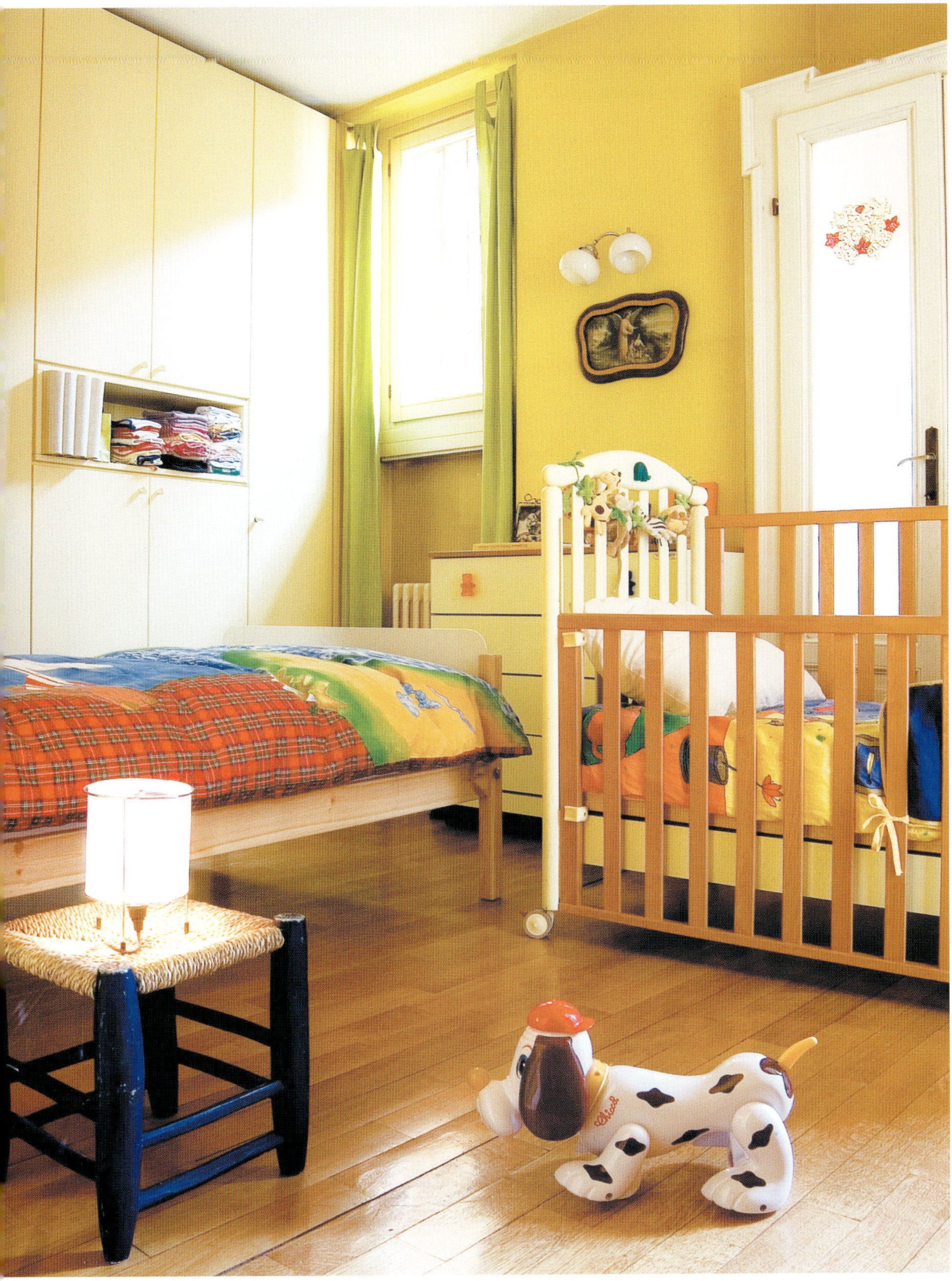

밀라노 | Milan

축구를 사랑하고 만화를 좋아하는 취향을 그대로!
소년의 로망을 담은 방

조반니의 부모는 로맨틱하고 독창적인 아동복 브랜드의 오너다. 어릴 때는 아들 방을 아기자기하게 꾸며주기도 했지만 이제 12살이 된 소년은 언제부턴가 자신만의 취향으로 방을 꾸미기 시작했다. 축구광인 조반니는 이탈리아 프로 축구팀 인터밀란의 열혈 팬. 좋아하는 유명 선수의 친필 사인이 들어간 티셔츠를 벽에 걸어두고, 각 선수의 이름이 들어간 티셔츠는 책상 서랍에 소중하게 간직했다가 때때로 열어보며 행복한 기분을 즐긴다. 또한 부모를 따라 전 세계를 여행하며 하나둘씩 모은 각 도시의 유명한 미니어처 기념품과 자석, 개성 만점 예술품은 한곳에 모아 추억과 모험심을 자극한다. 양쪽 벽면으로 예사롭지 않은 존재감을 드러내는 그림은 부모와 각별한 사이인 화가가 조반니를 모델로 그려 선물한 세상에 하나뿐인 특별한 작품들이다.

무게감 있는 침대 위로는 갤러리처럼 예술 작품이 빽빽하다. 멋스러운 가구와 소품이 어른스러운 분위기를 풍긴다.

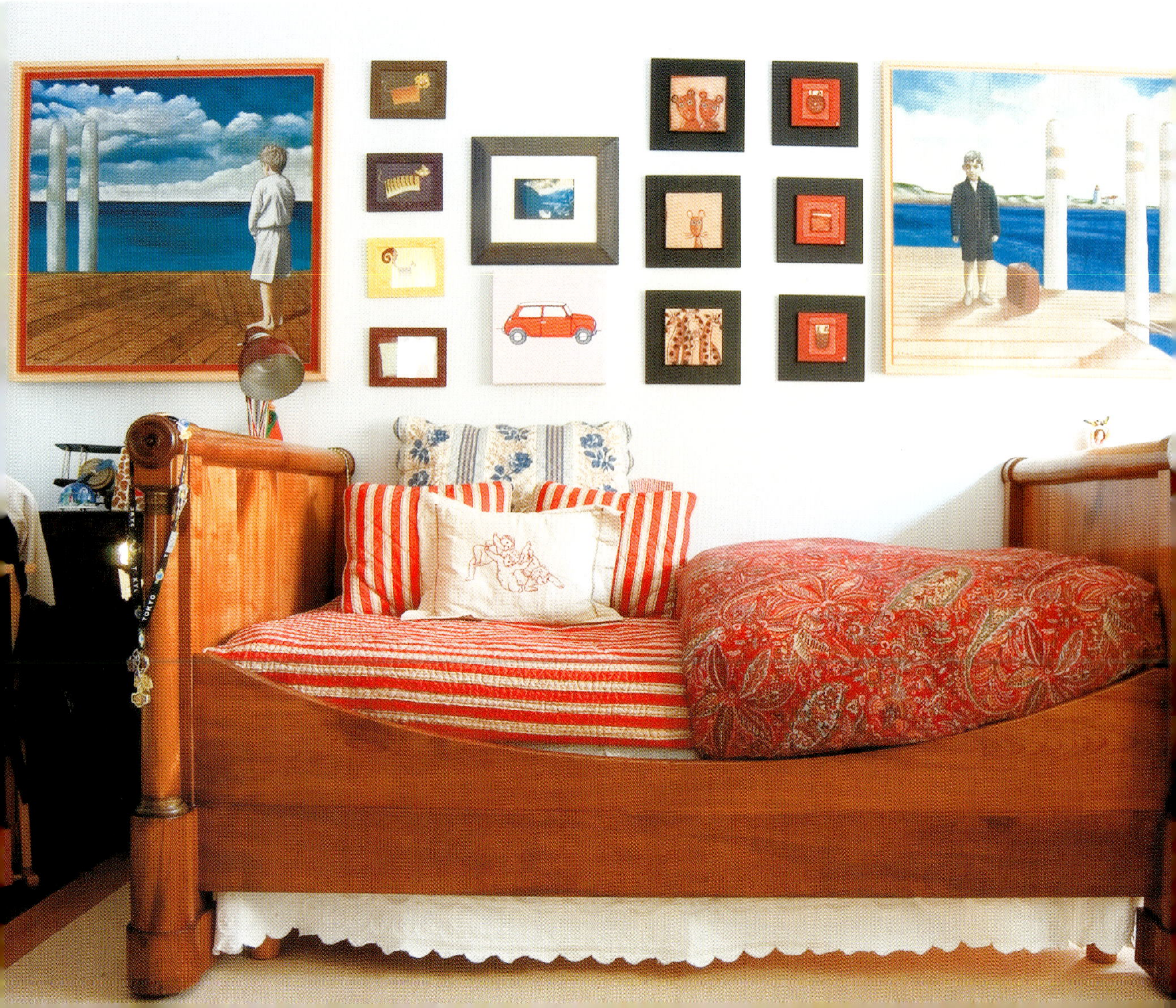

1 한쪽 벽면을 차지한 선반에는 백과사전과 만화책이 빼곡하다. 조반니는 이탈리아 인기 만화 〈디아볼릭 Diabolik〉의 광팬. 오른쪽에 자리한 키스 해링Keith Haring 작품이 방 안에 경쾌한 활기를 더한다.

2 인터밀란 선수들의 유니폼과 티셔츠는 조반니의 보물 1호.

3 부모가 해외 출장에서 사 모은 미니어처들. 자유의 여신상, 런던 탑, 상하이 타워 등 세계의 도시를 한곳에 모았다.

4 1층 거실에는 조반니의 아기 때부터 사진을 전시했다.

조반니|Giovanni(12세, 😊)
좋아하는 것: 인터밀란 티셔츠
장래 희망: 전쟁이나 기아가 없는 세상에 사는 것
아빠&엄마: 아동복 브랜드 오너

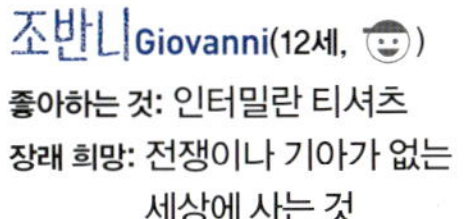

5 차분하고 어른스러운 분위기의 검은색 책상에 앙증맞은 인형과 스티커 자석, 분홍색 스툴을 매치해 발랄함을 더했다.

6 그동안 여행했던 곳에서 하나둘씩 수집한 자석을 서랍에 모두 붙여놓았다.

몽환적인 파스텔 벽면, 꽃무늬와 체크무늬가 사랑스러운 패브릭. 컬러와 패턴이 앙상블을 이루는 공간은 사이좋은 세 자매의 방이다. 디자이너인 엄마는 아빠와 함께 인테리어 전문점을 경영하고 있다. 세련된 감각을 십분 발휘해 꾸민 딸들의 방은 화사한 꽃밭을 연상시킬만큼 아늑하고 환상적이다. 계단 옆 공간을 큰딸 지네브라 방으로 만들었는데 수납공간을 겸한 로프트 침대로 비좁은 공간을 알뜰하게 활용했다. 두 여동생 티아와 니나의 방에 놓인 침대는 할머니가 오랫동안 소중히 사용하던 것. 원목 침대의 따스한 매력에 마음을 빼앗긴 엄마는 침대 헤드에 컬러풀한 패브릭을 붙여 소녀다운 분위기를 가미했다. 무엇이든 뚝딱 만들어내는 신기한 재주를 가진 할아버지는 손녀들의 욕조에 사랑스러운 모자이크 타일을 붙여주었다. 그 밖에도 그네와 깃털처럼 포근한 소파로 컬러풀하게 꾸민 놀이방 등 집 안 곳곳에 세 자매에 대한 가족들의 각별한 애정이 넘친다.

1 동양적인 느낌의 조명이 잘 어울리는 지네브라의 방. 침대 사이드에 낸 구멍은 옷걸이로 사용한다.

2 할머니가 물려준 오래된 침대가 감각적으로 다시 태어났다. 티아와 니나의 침대 아래 놓인 인형 침대가 깜찍하다.

지네브라Ginevra(9세,)
좋아하는 것: 그네
장래 희망: 디자이너

티아Tea(4세,)
좋아하는 것: 엄마 놀이
장래 희망: 뉴욕에서 가수가 되는 것

니나Nina(7세,)
좋아하는 것: 엄마 놀이
장래 희망: 뮤지션

아빠&엄마: 인테리어 전문점 오너

3 공주풍 욕실에 나란히 배치한 3개의 세면대. 바쁜 아침에도 세 자매가 싸우지 않고 여유롭게 등교 준비를 할 수 있다.

4 세 자매가 좋아하는 꽃, 나비, 하트 모양을 멋지게 모자이크한 할아버지의 작품.

5 놀이방에 달아놓은 그네는 세 자매의 사랑을 독차지하는 놀이 기구. 신나게 그네를 타다가 지치면 폭신한 소파에 누워 휴식을 취한다.

6 엄마가 손수 만든 화사한 인형들. 딸들의 반응이 좋아 제품화도 계획 중이다.

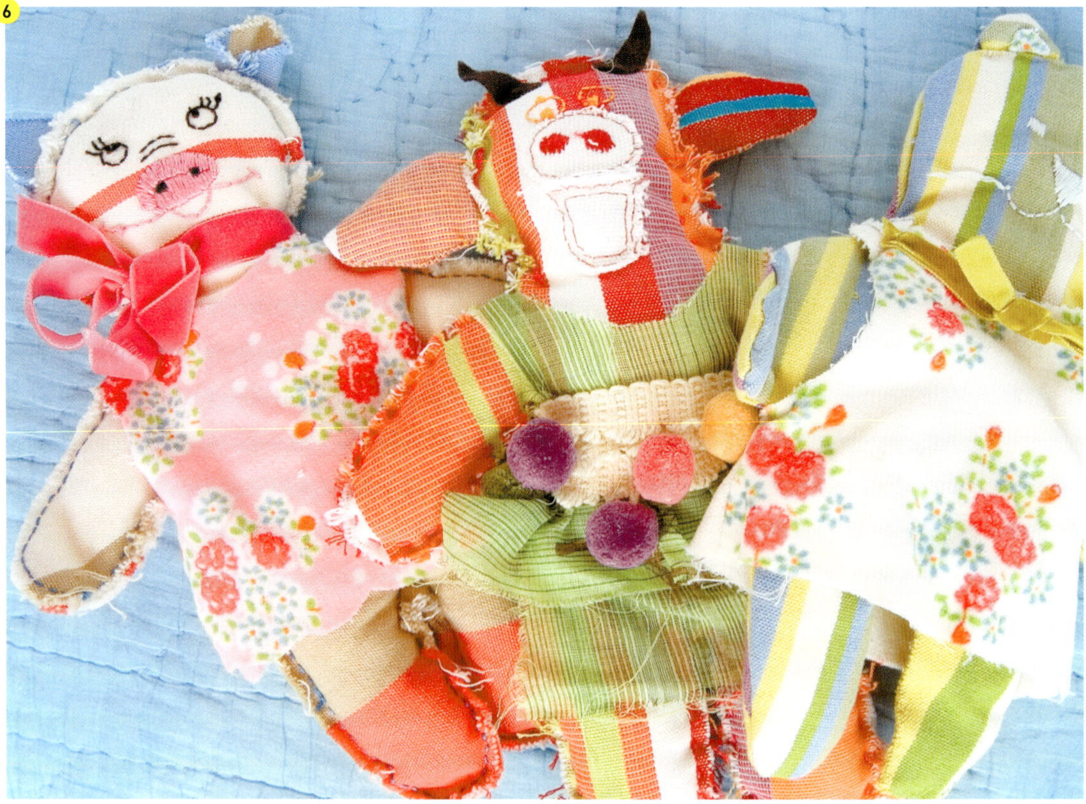

7 티아와 니나의 방에 놓인 인형의 집은 여자아이들의 필수 아이템. 티아가 엄마, 니나가 딸 역할을 하면서 시간 가는 줄 모르고 논다.

8 거실 한쪽을 차지한 그림 그리기 코너. 미술을 좋아하는 딸들을 위해 화이트보드와 색연필을 마련해놓았다.

9 자매들의 화장대도 엄마가 만든 패브릭으로 장식했다.

AUSTRIA
오스트리아

룸 | Rum

요즘 어린이 장난감은 대부분 플라스틱으로 만들어지고, 방식도 대형화 및 기계화되는 추세다. 이러한 흐름은 아이의 성장에 어떤 영향을 미칠까? 축복받은 알프스 대자연에 둘러싸인 오스트리아 티롤 지방의 인구 약 8500명인 마을, 룸. 이곳에는 대대로 원목 장난감을 만들어온 회사 티롤러 홀츠슈필초이크Tiroler Holzspielzeug가 있다. 장인이 하나하나 심혈을 기울여 제작하는 원목 장난감으로 유명한 이 공방도 플라스틱 장난감의 공세에 밀려 문을 닫을 위기에 처한 적이 있었다. 그런데 마침 그때 일본의 아이코 공주가 이곳에서 만든 장난감 카트를 애지중지한다는 사실이 언론에 보도되면서 일본 엄마들의 주문이 쇄도했고 회사는 기적적으로 부활했다. 공방을 꾸려나가는 보루고타 씨가 철칙으로 삼는 것은 세 가지다. 안전함, 튼튼함, 그리고 상상력을 자극하되 모양이 단순할 것. 인체에 무해한 가문비나무와 너도밤나무를 소재로 만든 장난감에서는 아이를 사랑하는 따뜻한 마음이 전해진다.

보루고타 씨는 단호하게 말한다. "아이들은 나무의 촉감과 향기, 색, 모양, 무게감, 구조 등의 정보를 토대로 이 장난감이 어떻게 만들어졌는지, 어떻게 가지고 놀지를 상상하며 동심의 세계로 여행을 떠난다. 그러나 플라스틱 제품이나 아이들의 두뇌 훈련에 좋다고 선전하는 복잡한 장난감은 아이들의 상상력을 키워주는 게 아니라 '망가지면 버리고 또 사면 되지' 하는 반환경적인 생각을 심어준다. 장난감의 가치는 아이들의 상상력을 끌어내는가 여부에 달려 있다고 해도 과언이 아니다."

자연을 담은 투박한 재료 그대로의 소박한 장난감을 통해 아이들이 풍요로운 상상력을 갖게 되기를 바라는 소망이 느껴진다. 자신이 만든 장난감이 아이들의 무한한 상상력의 원천이 되기를 바라는 마음으로 장인은 오늘도 공방으로 향한다.

1 아이코 공주의 총애를 받아 일약 스타덤에 오른 장난감 카트.

2 장인이 하나하나 정성스럽게 만드는 원목 장난감.

3 손으로 만든 장난감에서는 따스한 질감이 느껴진다.

4 티롤러 홀츠슈필초이크 사의 장인 부부

오스트리아 티롤 지방에 있는 아브잠은 기독교인들의 순례지
로도 유명한 곳이다. 아름다운 알프스 풍경에 둘러싸인 이 마
을에는 장녀 마리조피, 장남 막시밀리안, 차남 모리츠
가 사는 즐거운 집이 있다. 막시밀리안과 마리조피의
방은 밝고 활기찬 노란색으로 벽과 커튼을 장식했다. 여기에 책상과 침대, 의자에 시소까지 무려 세 가지
기능을 겸비한 바나나 모양의 노란색 쿠션으로 생동감을 부여했다. 벽에는 엄마와 마리조피가 그린 그림
을 장식해 분위기를 더욱 산뜻하게 살렸다. 막내 모리츠의 방은 하늘색 계열로 꾸미고 대부분의 아이템
을 앤티크 제품으로 선택했다. 책상과 의료용 서랍장은 치과 의사였던 할아버지가 병원에서 쓰던 물건이
고 장난감들은 아빠가 어린 시절 가지고 놀던 것이다. 세대를 거쳐 가족의 추억이 차곡차곡 쌓여가는 앤
티크 제품은 시간이 흐를수록 더욱 빛을 발한다.

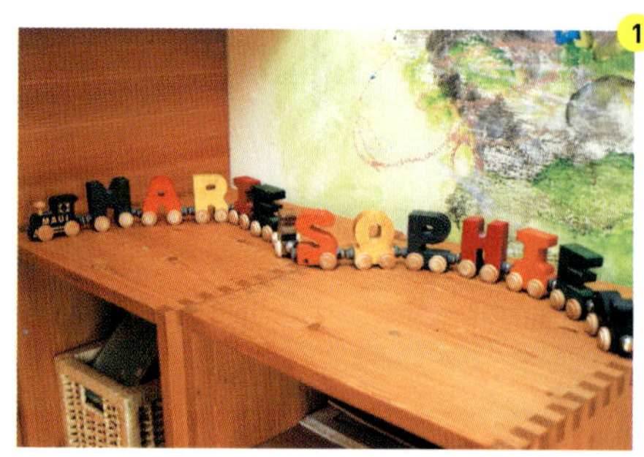

1 유럽 아이들이 사랑하는 알파벳 기차.

2 아빠가 어린 시절 갖고 놀던 태엽식 스포츠카.

3 책상 왼편의 8자 모양은 아이가 장난친 건가 싶었는데 알고 보니 구슬을 움직이며 뇌를 자극
하는 심오한 장치라고. 나비 모양 스탠드가 깜찍하다.

4 자유자재로 교체가 가능한 상자를 수납 선반으로 활용했다. 토끼 그림은 화가인 엄마의 작품.

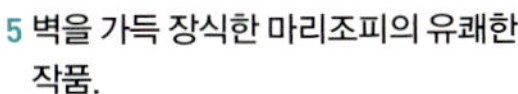

5 벽을 가득 장식한 마리조피의 유쾌한
작품.

6 아빠가 크리스마스 선물로 사준 세발
자전거. 오토바이광인 아빠가 선택한
제품답게 세심한 곳까지 정성스럽게
만들어졌다.

모리츠Moritz(4세,)
좋아하는 것: 경찰관 모빌
장래 희망: 오토바이 라이더

막시밀리안Maximilian(5세,)
좋아하는 것: 레고
장래 희망: 건축가

마리조피Marie-Sophie(7세,)
좋아하는 것: 그림 그리기, 끝말잇기
장래 희망: 의사

아빠: 설계사
엄마: 체육 교사, 화가

7 모리츠의 서랍장 위에는 할아버지와 아빠가 물려준 70~100년 전의 테디 베어가 옹기종기 모여 있다.

8 2층 침대 위쪽은 마리조피, 아래쪽은 막시밀리안의 공간. 수납 기능을 겸비한 계단으로 공간을 알뜰하게 활용했다.

9 코르크보드는 침대 커튼과 같은 색감으로 통일했다.

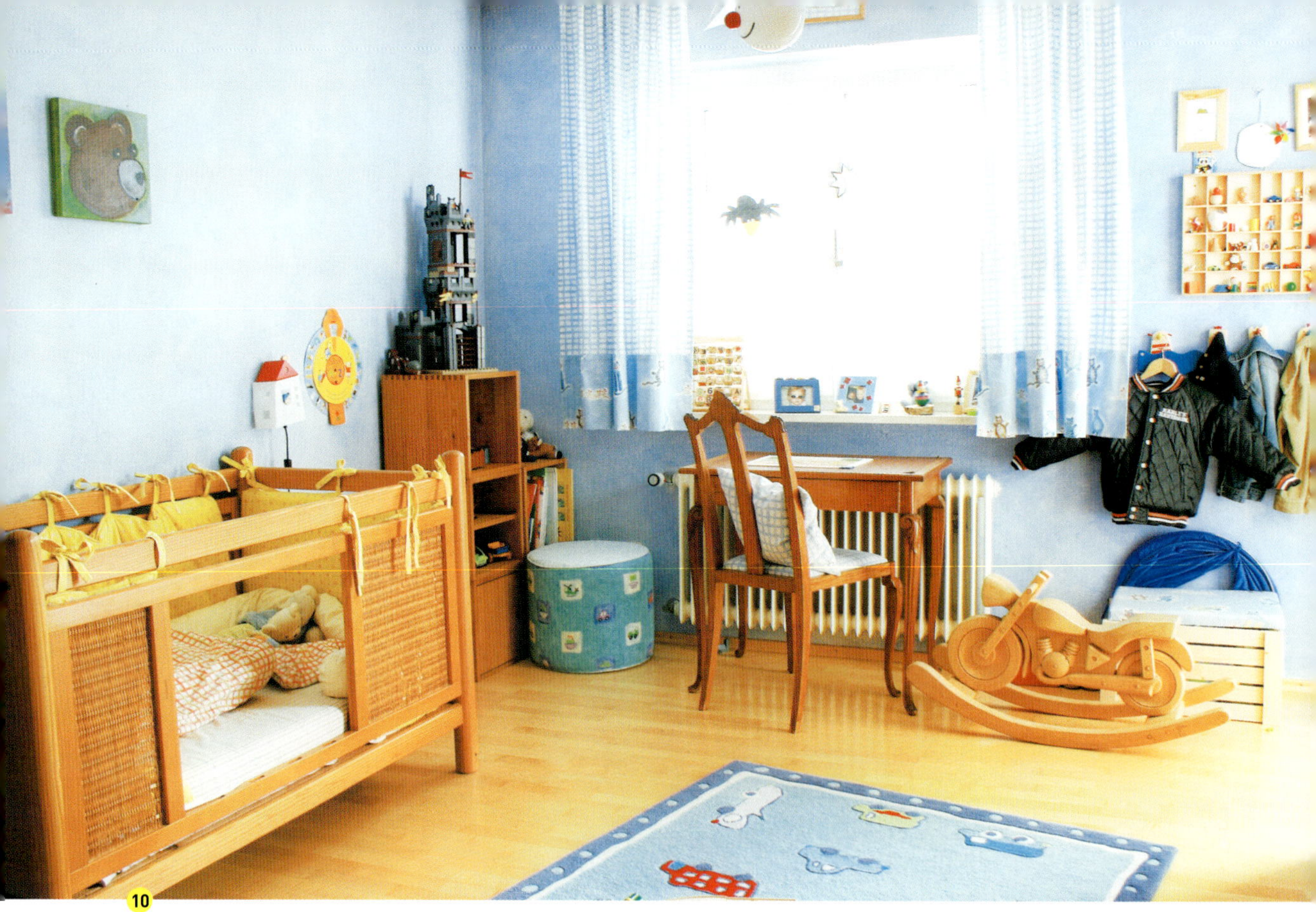

10

10 청명한 하늘색 계열로 마감한 모리츠의 방. 책상은 할아버지가 사용하던 것으로 100년도 넘은 물건이다.

11 레고로 만든 기사의 성. 막시밀리안의 역작으로 틈만 나면 찾아와 확인한다.

12 인테리어 효과도 놓치지 않은 감각적인 벽걸이 수납 선반. 앙증맞은 소품을 정리하기에 그만이다.

11

12

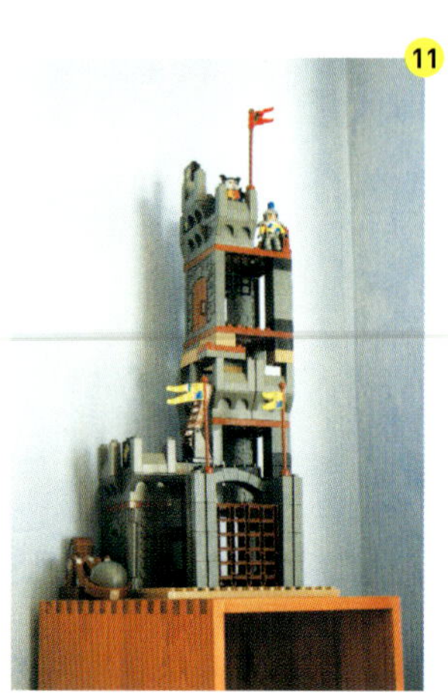

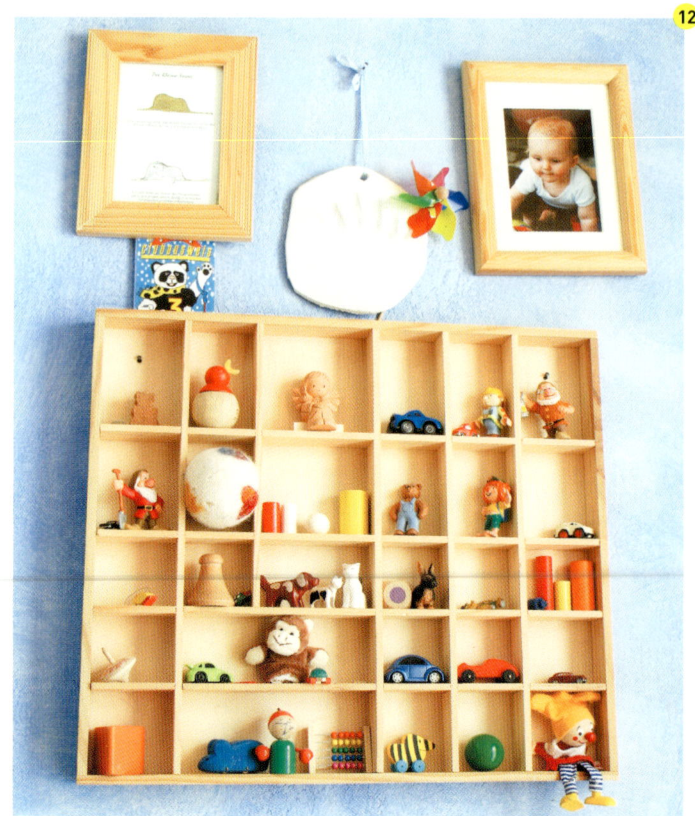

13 엄마가 그린 그림. 부드러운 하늘색 톤 벽과 멋지게 어울린다.

14 침대는 한쪽이 뚫려 있는데 잘 때는 떨어지지 않도록 반대편으로 돌려놓는다.

15 오래된 원목 자전거를 타고 노는 모리츠. 표정만은 바이크족 못지않게 근사하다. 왼쪽의 서랍장은 할아버지가 치과 의사 시절 사용하던 100년도 더 된 골동품이다. 그 위로 앤티크 테디 베어가 느긋하게 자리를 잡았다.

CZECH 체코

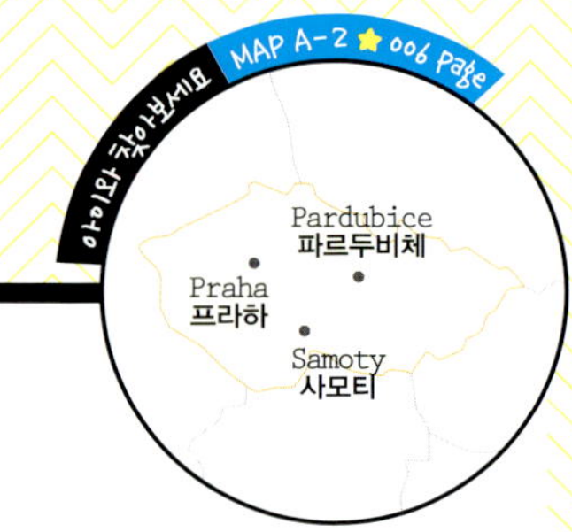

프라하 | Praha

체코 교외에 자리 잡은 언덕, 숲, 강가에 가면 정체를 알 수 없는 기묘한 오두막들이 시선을 사로잡는다. 숲 속 난쟁이들이 살고 있는 듯 독특하고 귀여운 집부터 둥근 나무통 위에 삼각형 지붕을 올린 위트 넘치는 집, UFO를 연상시키는 신비로운 형체의 집까지. 독특하고 강렬한 개성으로 유명한 체코 애니메이션이 그대로 현실에 펼쳐진 듯한 착각마저 불러일으킨다. 이 신비롭고 기묘한 물체의 정체는 바로 '하타Chata'. 주로 여름 기간 동안 프라하 등 대도시에 사는 사람들이 별장으로 사용하는 곳이다. 하타는 제1차 세계대전 후 생기기 시작했는데, 탄생 과정이 무척 흥미롭다. 당시 미국 서부영화가 수입되어 큰 인기를 끌었는데 그 영향으로 체코에 도보 여행 열풍이 일었다. 많은 사람들이 거리로, 숲으로 정처 없이 도보 여행을 떠났다. 여행자들은 편하게 숙박할 시설이 필요했고 그 결과 나타난 것이 바로 하타였다. 1920~1930년대 체코인들의 낯선 세계를 향한 동경, 여행의 로망이 하타를 탄생시킨 것이다.

1938년 나치 점령과 1945년 제2차 세계대전을 거쳐 1948년 공산당이 일으킨 쿠데타로 체코는 사회주의 국가가 되었다. 외국 여행이 불가능해지자 사람들은 이국에 대한 동경을 휴양지 숲이나 강가에 지은 오두막으로 해소했다.

철저한 통제 속에서 칙칙하고 무미건조하게 건설되는 주택 단지에 개성을 표현하기는 요원한 일이었을 터. 그 대안으로 체코인들은 하타 만들기에 열을 올렸고 이것은 이내 국민적 오락으로 발전했다. 이후 공산당 체제를 붕괴시킨 벨벳 혁명 이후 체코인들은 보다 많은 자유를 찾았지만 하타의 인기는 여전히 식을 줄을 모른다.

하타에 대한 사랑은 아이들도 예외가 아니다. 마치 동화 속에 나올 듯한 집은 아이들의 호기심과 상상력을 자극하는 최고의 놀이터가 된다. 보통 하타가 자리한 교외에는 아름다운 자연과 울창한 숲이 펼쳐져 있어 그곳에서 아이들은 온몸으로 자연을 마주하며 즐거운 한때를 보낸다. 신비롭고 개성 넘치는 하타와 그 뒤로 펼쳐지는 자연 풍경은 체코인의 감성을 고스란히 드러낸다.

프라하 시가지에서 40~50킬로미터 정도 떨어진 교외에서는 각양각색의 하타를 볼 수 있다. 개성적인 외관은 체코인의 독특한 미적 감각을 유감없이 드러내는데 이는 건축 소재의 영향도 크다. 사회주의 시대의 체코는 DIY 시장이 전무했고 건축자재도 모두 스스로 알아서 해결해야 했다. 사람들은 술통이나 자동차 부품 등을 사용해 독창적인 아이디어를 발휘하기 시작했고 그 덕분에 체코의 명물이 탄생하게 되었다.

'아이들이 공간을 마음대로 활용할 수 있도록 놀거리가 많은 방을 만들자!' 개구쟁이 형제의 방은 아빠가 처음에 생각한 아이디어를 완벽하게 반영하여 완성되었다. 해먹 안에서 한가로이 보내는 시간을 즐기는 타데아스가 이 방에서 가장 좋아하는 장소는 공중이다. 인형을 좋아하는 스테판은 여기저기 성을 만들고 기사와 해적, 나무 인형을 모아 액션 영화를 찍는다. 독특한 인형 문화가 자리 잡은 체코의 아이 방답게 신기하고 개성 넘치는 인형이 눈길을 사로잡는데 모두 아빠의 작품이다. 엄마는 아빠가 만든 물건과 따뜻한 느낌의 원목 가구를 매치해 편안함이 느껴지는 방으로 완성했다. 마음껏 놀다가 졸음이 몰려오면 형제는 누가 먼저랄 것도 없이 2층 침대로 돌진한다. 아래층은 동생, 위층은 형의 공간. 자기가 좋아하는 인형과 물건을 올려놓을 수 있도록 침대에는 각각 선반을 달아주었다.

1 친척들과 찍은 기념사진과 엄마, 아빠를 그린 그림으로 아이들이 직접 꾸민 코너.

2 곤충 캐릭터가 깜찍한 클립. 작은 소품에서도 위트가 느껴진다.

3 형제가 만든 오브제를 그대로 활용해 방을 장식했다.

스테판Stepan(4세, 🙂)
좋아하는 것: 기사 인형과 해적 인형
장래 희망: 소설 속 영웅

타데아스**Tadeas**(8세, 🙂)

좋아하는 것: 햄스터, 레고
장래 희망: 작가

아빠: 목공예 작가, 사업가
엄마: 대학생

4 인형극으로 유명한 체코는 극
  장도 많고 인형 애니메이션의
  수준이 무척 높다. 마리오네
  트도 아빠가 만든 작품.

5 타데아스가 매달려 있는 것은
  해먹용 사다리. 아래에는 말
  을 타고 공주님을 구하러 출발
  하는 스테판이 늠름한 자태를
  뽐내는 중.

흔들리는 목마는 아빠가 오랜 시간에 걸쳐 완성한 작품. 아빠는 시간을 들여 정성스레 나무를 만지다 보면 영혼이 나무 속으로 들어간다고 믿는다.
종종 아빠가 만든 인형이나 나무 장난감을 보고는 판매 문의를 하는 사람도 많다고 한다.

6 형제가 세트로 맞춰 입은 잠옷 가운에서도 남다른 감각이 엿보인다.

7 피에로 인형의 마음을 사로잡은 인형의 이름은 '수영하는 소녀'로 역시 아빠의 작품이다.

8 형제가 좋아하는 물건을 올릴 수 있게 침대 옆에 선반을 달았다.

9 카펫에 엎드려 누운 인형. 다 정리하지 못한 장난감도 일부러 연출한 듯 느껴진다.

10 침대에서 마리오네트를 조종하는 스테판.

11 창밖으로는 프라하의 신고딕 양식 교회와 역, 강가를 따라 자리한 고즈넉한 거리가 보인다.

사모티 | Samoty

사모티는 프라하에서 자동차로 2시간 반 정도 달리면 나오는 남부 보헤미아 지방의 한적한 마을이다. 다비드와 톤다는 아빠, 엄마와 함께 이곳의 조그만 오두막에서 바캉스를 즐긴다. 체코의 세컨드 하우스는 앞서 말한 '하타'와 '할루파Chalupa' 두 가지 타입이 있다. 하타는 벽이 얇아 여름용으로 적합하고 겨울에는 추운 반면, 할루파는 지은 지 100년 이상 된 시골집을 개조해 만든 것으로 겨울에도 추위 걱정이 없다. 사모티의 할루파는 다비드네 가족과 또 한 가족이 사이좋게 사용한다. 알고 보니 엄마들이 자매 사이. 두 가족이 모이면 아이들로 떠들썩한 북새통을 이룬다. 게다가 다비드와 톤다는 이웃집 아이들까지 불러내 요란한 축제를 즐긴다. 집 안에 다 모이면 아이들로 발 디딜 틈이 없지만 부모는 걱정이 없다. 집 밖으로 나가면 숲과 호수가 보이는 광대한 놀이터가 끝없이 펼쳐져 있어 아이들이 집 안으로 들어올 생각을 안하기 때문이다.

할루파에는 방이 단 2개뿐으로 하나는 침실로 사용한다. 다른 하나는 거실과 식당을 겸한 공간으로 문 하나를 열면 바로 이어진다. 방과 방 사이에 복도가 없는 건 제1공화국 시대(1918~1930) 건축양식이다.

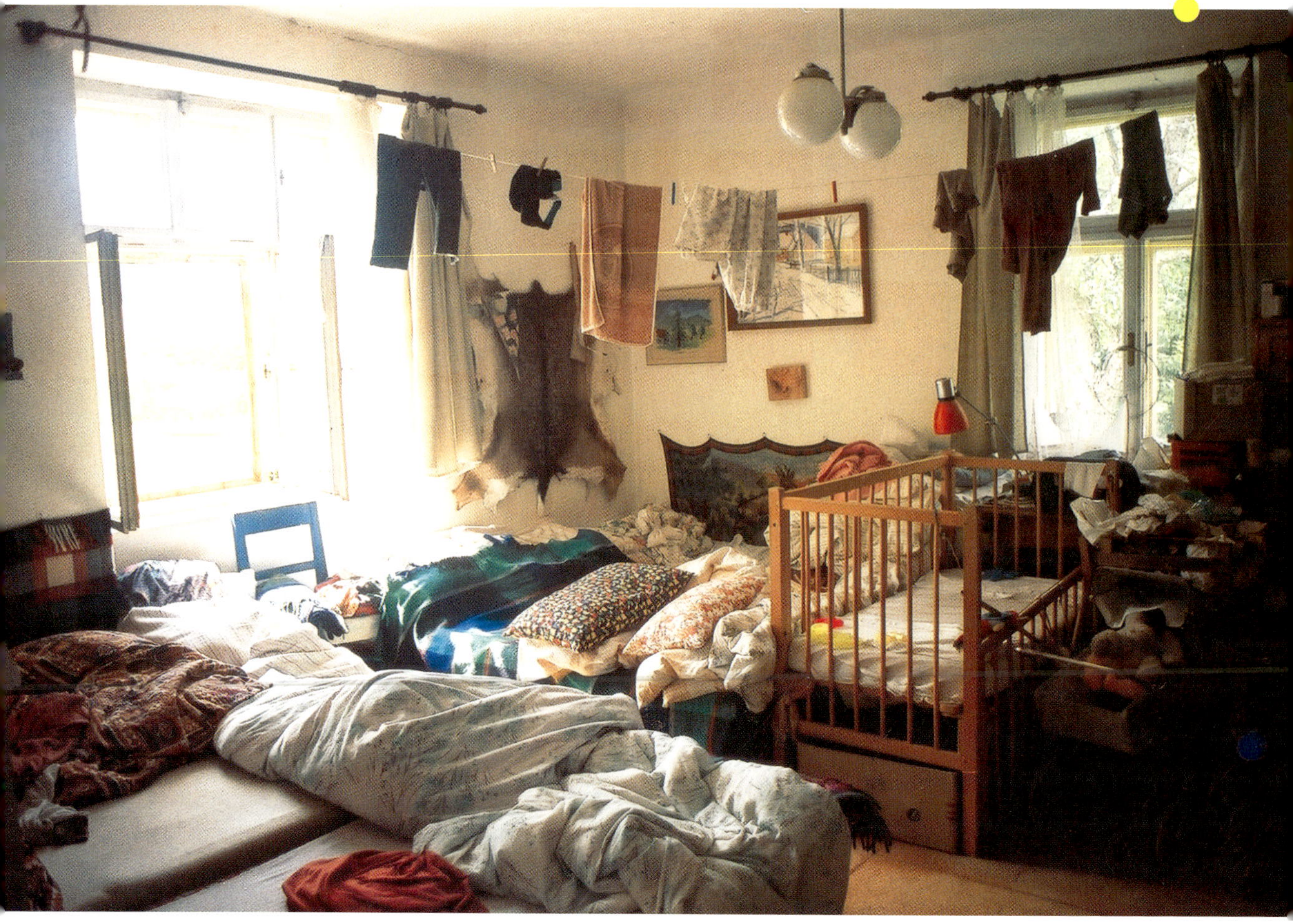

다비드Davi d(7세, 😊)
좋아하는 것: 그림책, 도자기 공예
장래 희망: 장인

톤다Tonda(5세, 😊)
좋아하는 것: 자전거
장래 희망: 자전거 선수

아빠: 생물학자
엄마: 도예가, 번역가

작은 오두막에서 두 가족이 지내다보니 옛날 시골집처럼 옹기종기 붙어서 잠도 자고 밥도 먹는다. 아이들에겐 꿈 같은 방학이다.

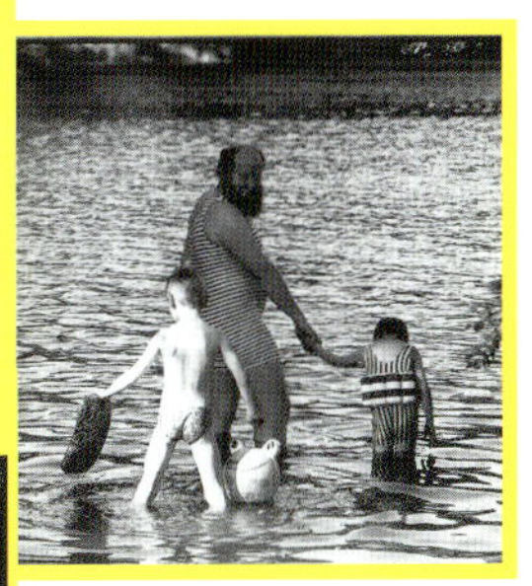

도시에 사는 체코 사람들은 바캉스철이 되면 시골 별장인 하타나 할루파에서 가족 모두가 한가로운 일상을 만끽한다. 사모티에서 할루파가 자리한 지역은 나무나 식물을 함부로 건드리면 안 되는 자연보호 구역이다. 풍요롭고 아름다운 대자연 속에서 아이들은 벌거숭이가 되어 신나게 뛰어논다. 15세기 체코는 호수 어업이 성행한 덕분에 인공호가 많아 아이들이 마음껏 물놀이를 즐길 수 있다. 정원에서도 길가에서도 하루 종일 벌거벗고 다니는 아이들은 자연 속에서 추억을 쌓아간다. 목가적인 곳에서 아이들이 자유롭게 뛰노는 모습이 한 폭의 풍경화처럼 아름답다.

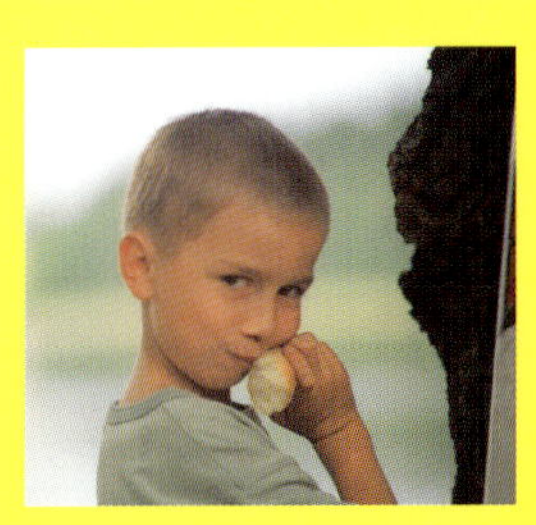

파르두비체 | **Paradubice**

파르두비체는 프라하에서 지하철로 한 시간 반 정도 거리에 있으며 르네상스 양식의 구시가지로 이루어진 아름다운 도시다. 만카와 후베르트는 파르두비체에서 20세기 초반에 지은 건물에서 산다. 체코는 세계대전 중 커다란 공습이나 전후 도시 개발이 없었기에 오래되고 고풍스러운 건물이 많이 남아 있다. 그래서 체코에서는 100년도 더 지난 집에 산다는 게 그리 놀라운 일이 아니다. 천장 높은 방을 알뜰하게 활용하기 위해 부모는 다락 공간을 만들고 그 아래에 침대를 배치했다. 만카는 그곳에서 인형의 집을 가지고 엄마 놀이를 즐긴다. 그 옆에는 엄마가 커튼으로 뚝딱 칸막이해 만든 후베르트의 공간이 있다. "방은 아이들이 마음껏 창조성을 발휘하는 곳이에요. 공간과 소재를 자유자재로 즐겼으면 좋겠어요" 아이들 방에 대한 부모의 이런 철학이 반영된 덕분인지 형식에 얽매이지 않는 자유롭고 편안한 분위기가 느껴진다. 말그대로 오래된 것들의 아름다움을 살린 공간이다. 엄마가 솜씨를 발휘한 보헤미안 스타일 의상과도 멋지게 어우러지는 이곳에서 두 아이는 자유롭게 뛰논다.

1 20세기 초반에 제작한 가정용 인형극 무대와 인형. 체코 아이들은 어릴 적부터 인형극을 즐겨 본다.

2 만카가 유리용 물감으로 유리창에 그려 넣은 공주님과 왕자님.

만카Manka(6세,)
좋아하는 것: 앵두, 눈사람
장래 희망: 공주님

후베르트Hubert(3세,)
좋아하는 것: 자동차, 장난감 권총
장래 희망: 운전사

아빠: 화학자
엄마: 애니메이터

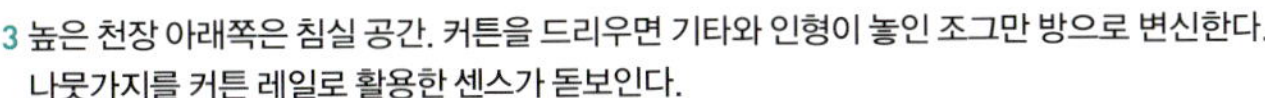

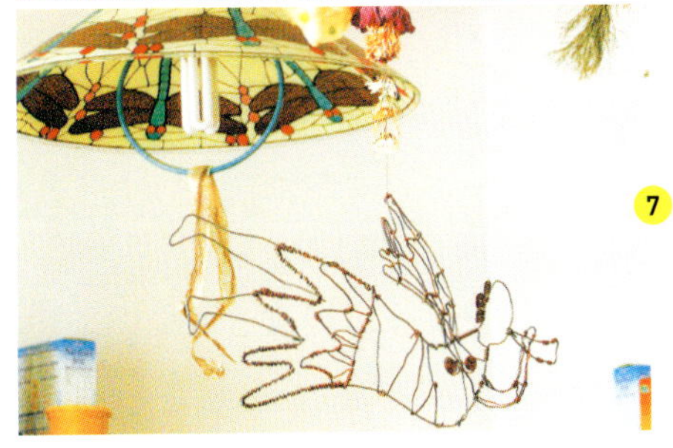

3 높은 천장 아래쪽은 침실 공간. 커튼을 드리우면 기타와 인형이 놓인 조그만 방으로 변신한다. 나뭇가지를 커튼 레일로 활용한 센스가 돋보인다.

4 체코의 전통적인 기상예보 상자. 집 모양 상자에서 남자 도깨비가 나오면 비, 아름다운 여자가 나오면 맑음이다.

5 만카가 사랑하는 형형색색의 비즈 목걸이도 잘 보이는 곳에 걸어두었다.

6 나무로 조각한 장식품. 체코 특유의 기괴한 느낌을 풍긴다.

7 멋스러운 스테인드글라스 조명과 철사로 만든 천사 모빌.

8

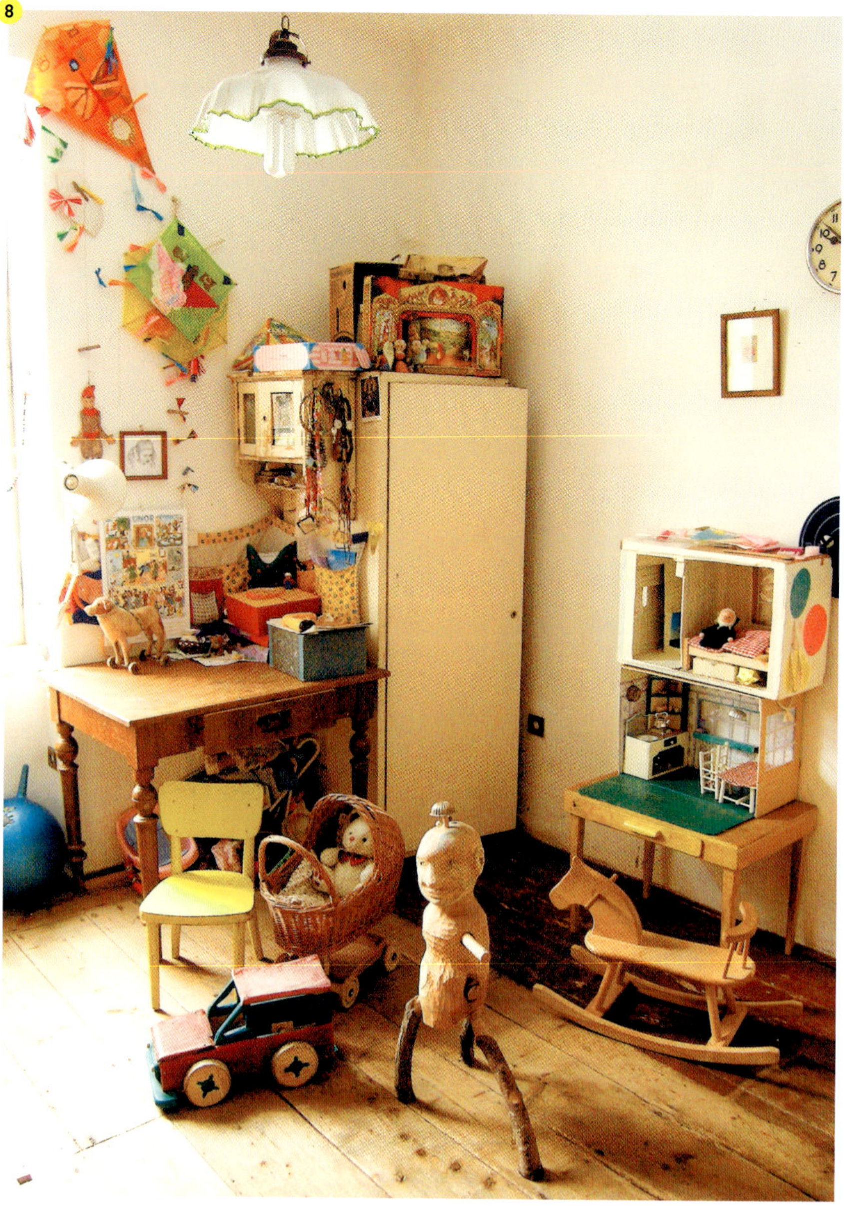

8 한쪽 벽면 위쪽에는 산뜻한 색상의 연을 달아놓았다. 체코에서는 가을에 연날리기를 즐긴다. 나무로 만든 장난감 자동차는 아빠의 작품.

9 얼마 전 만카와 후베르트에게 쌍둥이 남동생이 생겼다. 이름은 시몬과 요셉.

10 쌍둥이 침대. 곤충 일러스트가 그려진 패브릭에 주머니를 달아 기저귀 등을 수납한다.

9

10

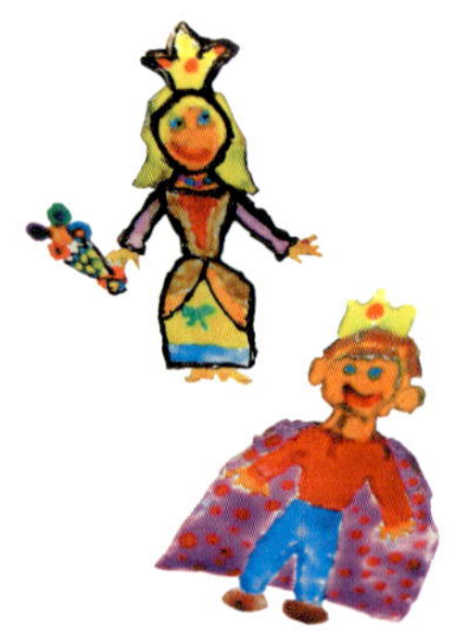

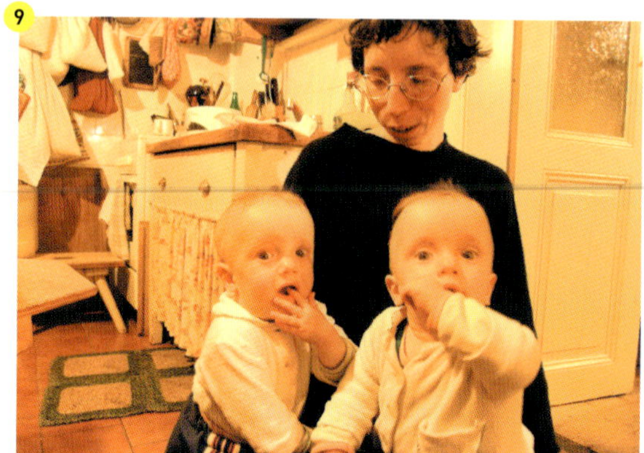

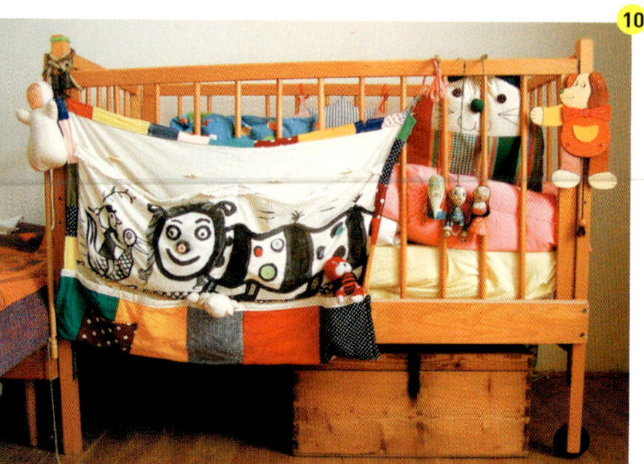

GERMANY
독일

뒤셀도르프 | Düsseldorf

'아이도 요리를 할 수 있을까? 물론! 몸에 좋은 재료, 그리고 요리에 대한 열정만 있다면!' 독일의 인기 캐릭터인 마우스Maus가 안내하는 어린이 요리책 시리즈는 이런 모토를 내세운다. 베스트셀러가 된 제1탄은 말머리에 '어른과 함께 만들어보자', '앞치마를 하자', '긴 머리는 단정히 묶자' 등의 주의점이 적혀 있다. 아이들이 재미있게 읽을 수 있도록 배려한 쉽고 친절한 말투가 이 책의 인기에 한몫했다. 이를테면 칼질이 필요한 재료의 경우 "칼을 무서워하지 말아요. 잘 드는 칼보다 무딘 칼이 더 위험해요"라고 표현하는 식이다.

흔히 칼처럼 날카롭고 위험한 물건은 아이 손에 닿지 않는 곳에 숨겨두지만 독일은 다르다. 독일이 어떤 나라인가. 쌍둥이칼로 유명한 헹켈Henckel이나 칼슈미트Carl Schumidt 등 세계적 칼 브랜드를 가진 나라가 아닌가. 아이들이 칼을 두려워하지 않는 것도 이해가 간다.

책 속에는 감자튀김이나 햄버그스테이크, 햄버거 등 아이들이 좋아하는 메뉴로 가득하다. 아이들의 흥미를 자극해 스스로 요리하고 싶도록 고심한 흔적이 엿보인다. "샐러드에 볶은 견과류를 곁들여보자", "과일 샐러드에 사용하는 바나나와 사과는 껍질을 벗긴 뒤 바로 레몬 물에 담가두자", "야채 수프를 만들 때는 냉동 야채 믹스를 사용하면 편리하고 맛있다"와 같은 어른도 배울 만한 요긴한 비법도 담겨 있다.

요리 안내자인 마우스는 독일에서 30년 이상 아이들의 사랑을 받아온 캐릭터. 어른들도 마우스에 이끌려 한 장 한 장 읽으며 흐뭇한 어릴 적 추억에 젖어든다.

1 아이들도 어릴 때부터 요리를 접하면 요리 도구에 대한 공포심이 없어진다고.

2 어린이 요리책에서는 햄버거나 감자튀김 등 아이들이 좋아하는 요리를 소개했다.

3 마우스의 요리책 시리즈에서 특히 인기 있는 메뉴는 피자와 케이크, 파티 요리.

뒤셀도르프 | Düsseldorf

에너지가 넘치는 아이를 위해 방 안에 꾸민 놀이공원
동물 친구들과 함께 살아요

"보세요! 저 여기서 아주 빨리 내려올 수 있어요!" 방에 들어선 순간 2층 침대 위에서 날쌔게 미끄러져 내려오는 씩씩한 엘리아스. 마르지 않는 샘처럼 솟아나는 아이의 에너지를 감당하기 위해 부모는 갖가지 아이디어를 활용했다. 공원의 미끄럼틀 못지않게 길이가 긴 침대 옆 미끄럼틀은 이러한 부모의 마음이 반영된 아이템. 당당한 위용을 자랑하는 소 조형물은 아빠의 지인이 업무 차 방문한 박람회에 전시되어 있던 것을 선물한 것이다. 종이로 만들었지만 장난꾸러기 엘리아스가 올라타 마음껏 흔들어도 꿈쩍 않는 튼튼한 체력을 자랑한다. 소에게 첫눈에 반해버린 아들을 위해 부모는 아이 방에 유쾌한 소 그림을 매치하고 소의 얼룩을 연상케 하는 흑백의 커튼을 달아주는 등 센스를 발휘했다. 그 밖에도 엘리아스의 방에서는 곰, 순록, 바다표범 등 다양한 동물이 오순도순 함께 지낸다.

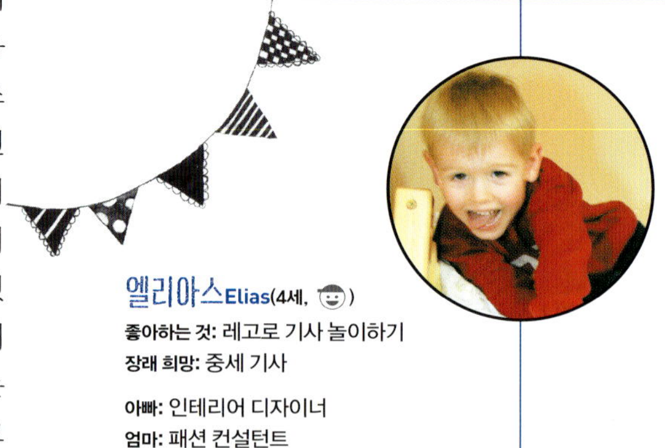

엘리아스 Elias(4세,)

좋아하는 것: 레고로 기사 놀이하기
장래 희망: 중세 기사

아빠: 인테리어 디자이너
엄마: 패션 컨설턴트

아이들에게 인기 만점인 이케아의 미끄럼틀 2층 침대. 앤디 워홀을 떠올리게 하는 컬러풀한 배경의 소 그림이 시선을 끈다.

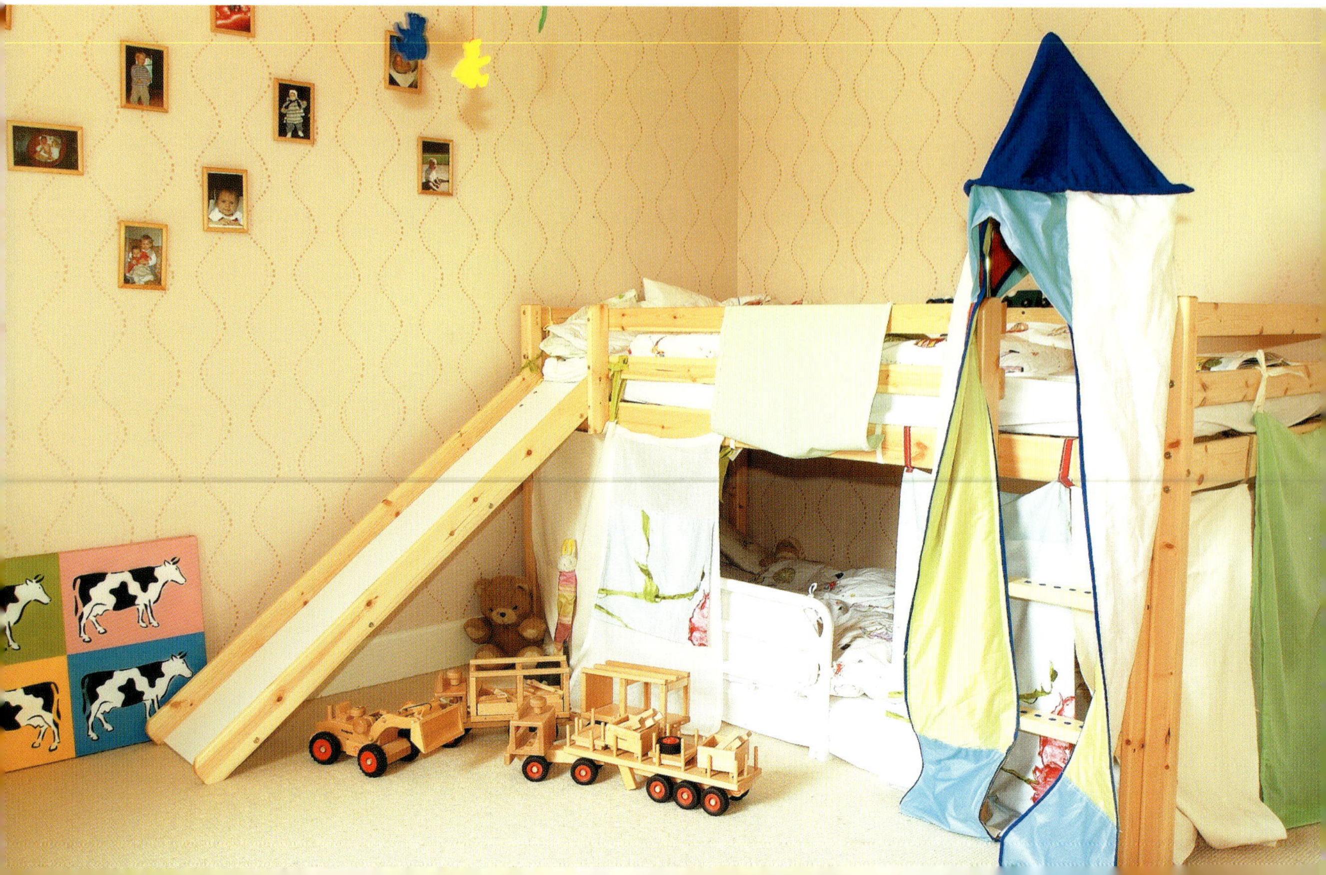

1 다양한 원색의 곰돌이 모빌이 방 분위기를 한껏 밝게 만든다.

2 화사한 오렌지색 인형이 상큼한 녹색 줄무늬 의자에 앉아 분위기를 발랄하게!

3 엘리아스의 사랑을 독차지하는 소. 종이로 만들어 가볍지만 웬만한 충격에도 거뜬할 만큼 튼튼하다.

4 나무 자동차 시리즈는 활발한 남자아
　이의 필수품.

5 다양한 동물 인형들이 방 안 곳곳에
　숨어 있다.

6 가운데 공간에 자동차가 쏙 들어가는
　기차. 대대로 물려받은 오래된 물건으
　로 컬러를 입혀 새것처럼 깔끔해졌다.

7 소의 얼룩 무늬와 잘 어울리는 커튼

벽면을 향해 놓인 흔들의자와 큼지막
한 거울, 액세서리와 예쁜 소품을
모아둔 벽걸이 선반. 공주님의
전용 미용실 같은 아네의 방은 한
껏 멋내고 싶은 여자아이의 감성이
고스란히 담겨 있다. 아네의 집은 네덜란드와 국경
을 마주한 라인 강 근처 자연 풍경이 아름다운 빌
리히라는 마을에 있다. 천혜의 자연에 둘러싸인 이
곳의 주민들은 산보나 사이클링, 카약 등의 레저
스포츠를 일상적으로 즐긴다. 아네 역시 스포츠를
즐기는 말괄량이지만 분홍색으로 연출한 방을 보
면 달콤하고 사랑스러운 공주님 취향을 느낄 수 있
다. 왕자님을 만나러 꿈나라 여행을 떠나려면 로맨
틱한 캐노피는 필수품. 하트 모양 양철통이나 창가
에 늘어뜨린 분홍색 하트 장식도 아네의 애장품이
다. 컬러에서 소품까지 아이의 취향을 100% 반영
했다.

아네 Anne(4세,)
좋아하는 것: 퍼즐 놀이
장래 희망: 승무원

아빠: 회사원
엄마: 에어로빅 강사

1 곳곳에 숨겨둔 하트 상자는 아네의 소중한 보물들이다.
2 공주님 화장대에 앉으면 말괄량이 아네도 얌전한 숙녀가 된다.
3 분홍색을 다양한 톤으로 사용해 지루하지 않게 배려한 침대 커버, 귀여운 풍뎅이 매트는 이케아 제품.
4 아기 인형 옷도 분홍색으로 통일했다.

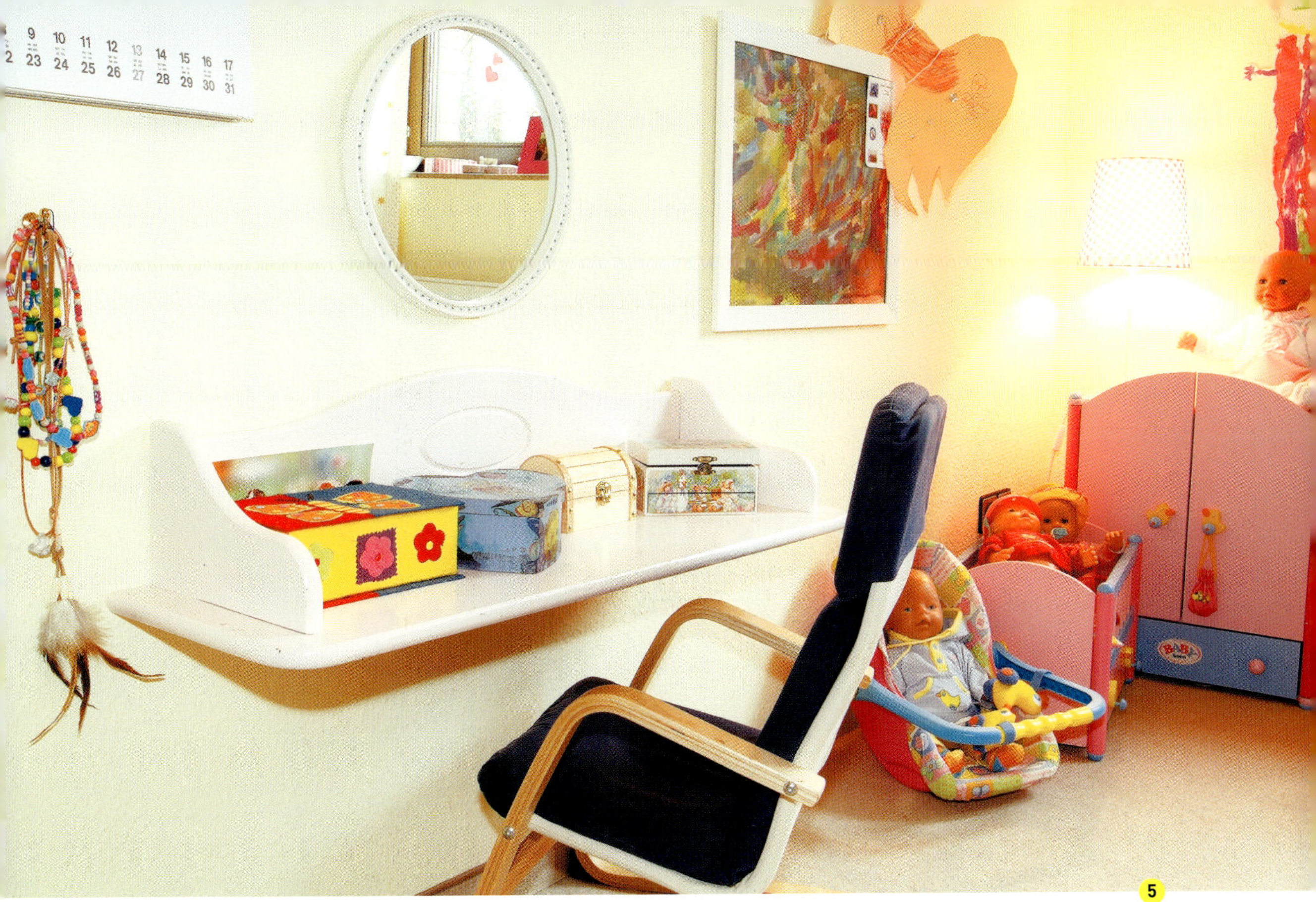

5 오늘은 어떤 머리 모양을 해볼까? 아네를 위한 화장대. 구석으로는 인형들을 수납했다.

6 헤어샵의 대기실을 연상케 하는 귀여운 테이블과 의자. 아이 방의 가구들은 이케아 제품을 많이 활용했다.

NETHERLANDS
네덜란드

 **암스테르담** | **Amsterdam**

단순하게 숫자가 적힌 투박한 무채색 문들이 거대한 공장을 연상시키는 이곳은 아이 방
에 관련된 모든 제품을 모아놓은 키즈팩토리(www.kidsfactoru.nl)라는 디자인 스토어다. 1998년 벨기에
국경 근처의 남부 마을인 브레다에 1호점을 낸 뒤 여러 지점을 내며 사랑받고 있다. 원래는 엄마와 아기
용품을 취급하는 아기자기한 가게였지만 지금은 센스 있는 가족들의 취향을 만족시키는 대형 멀티 숍으
로 성장했다. 약 800평의 어마어마한 규모를 자랑하는 실내에 다채로운 아이 방 스타일로 꾸민 컨테이너
가 일렬로 들어선 모습이 압권이다. 셀 수 없을 만큼 다양한 물건을 취급해 아이를 둔 부모들의 천차만별

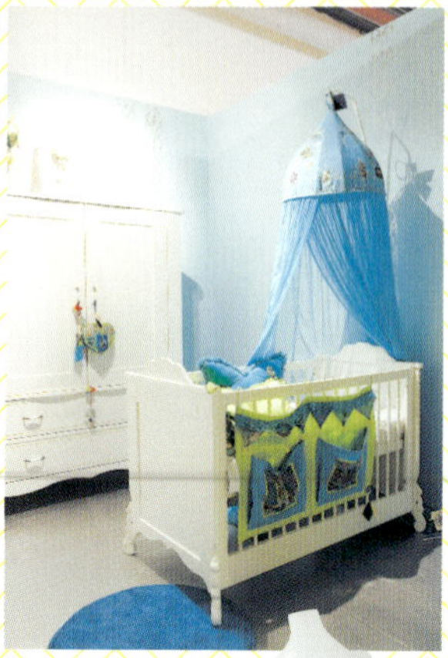

취향에 완벽하게 부합한다. 아이 전용 레스토랑까지 마련해 가족이 함께 와서 오랫동안 쇼핑을 즐길 수 있는 점도 매력적인 요소. 아동복, 가구, 소품 등 모든 디자인이 감각적이고 멋스럽다. 마치 세련된 아이 방을 엿보는 듯한 디스플레이로 아이 방 꾸미기에 관심 있는 부모들의 시선을 사로잡는다. 침대를 다른 색으로 칠하고 싶다거나, 아이 방에 어울리는 트리를 들여 놓고 싶다는 등 고객의 섬세한 요구에도 직원들이 친절하게 응대하며 만족스러운 서비스를 제공한다.

키즈팩토리를 더욱 특별하게 만드는 또 다른 점은 대부분의 상품을 전속 디자이너와 다른 분야의 유명 브랜드 디자이너가 합작으로 만든다는 것이다. 디자인 대국 네덜란드가 상상하는 키즈 디자인의 미래가 이곳에서 하나둘씩 현실화되고 있다.

포르뷔르흐 | **Voorburg**

즐겁고 실용적인 공간을 모토로 한 미아의 방. 원목 마루, 흰색 가구와 벽으로 군더더기 없이 심플한 공간에 발랄한 느낌의 빨간색으로 포인트를 주었다. 남동생 방도 화이트&레드로 꾸며 얼핏 같은 방으로 착각할 정도. 창문을 향해 길게 책상을 놓아 공간의 활용도를 높였다. 이 방의 주인공은 뭐니 뭐니 해도 미끄럼틀. 공원에 가지 않아도 날마다 미끄럼틀을 탈 수 있다며 미아가 가장 아끼는 아이템이다.

1 방문을 열었을 때 오른쪽이 휴식을 취하는 침대와 수납공간.

2 미아가 태어나기 전부터 엄마가 갖고 있던 원목 램프. 전면부의 스크린은 교체가 가능해 시즌마다 테마를 바꾼다고.

3 창가에 얌전히 앉아 있는 개구리 인형은 할아버지가 사랑하는 손녀에게 준 선물이다.

미아Mia(5세,)
좋아하는 것: 그림 그리기
장래 희망: 보육사

아빠: 세일즈 엔지니어
엄마: 프랑스어 교사

4 미아의 생일날 아빠와 엄마가 선물한 인형의 집.

5 한쪽 벽면을 붉게 페인트칠하고 그 앞에 새하얀 서랍장을 배치했더니 산뜻하고 아늑해 보인다.

6 의자와 소품을 초록색으로 선택해 싱그러운 분위기를 더했다.

7 여기가 공주님의 캐노피 침대. 역시 초록색 패브릭으로 포인트를 주었다.

분홍색 가구와 소품, 캐노피 침대는 사랑스럽고 로맨틱한 분위기를 연출하는 대표 아이템. 사라의 마음을 사로잡은 것도 여자아이라면 좋아하는 화사하고 달콤한 소품들이다. 물방울이 은은하게 퍼져 나가는 듯한 여릿한 하늘색 러그를 바닥에 깔아 달달한 분위기에 청량함을 더했다. 마치 방 한가운데 연못이 있는 느낌이다. 키 재기 인형과 남녀 어린이 모양 옷걸이는 사라가 각별히 아끼는 물건. 온화한 표정과 원목 특유의 따스함도 평화로운 느낌을 더한다. 양 모양 장식과 곰 인형 화환, 강아지 인형, 폭신폭신한 토끼 인형은 모두 어릴 때부터 사라와 함께 한 친구들이다. 인형놀이와 패션쇼를 즐긴다는 사라가 이 방에서 외롭지 않은 것은 멋진 동물 친구들 덕분이다.

사라Sarah(3세,)
좋아하는 것: 토끼 인형 티나
장래 희망: 빵집 주인

엄마: 번역가

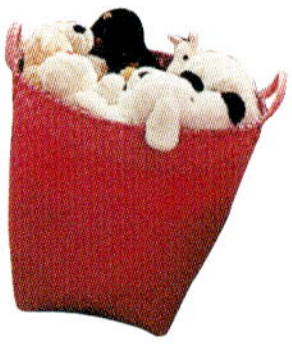

가구와 소품에는 다양한 톤의 분홍색을 사용해 사랑스러운 방을 완성했다.
넉넉한 사이즈의 수납장과 상자는 실용성은 물론 인테리어 효과까지 탁월한 일석이조 아이템.

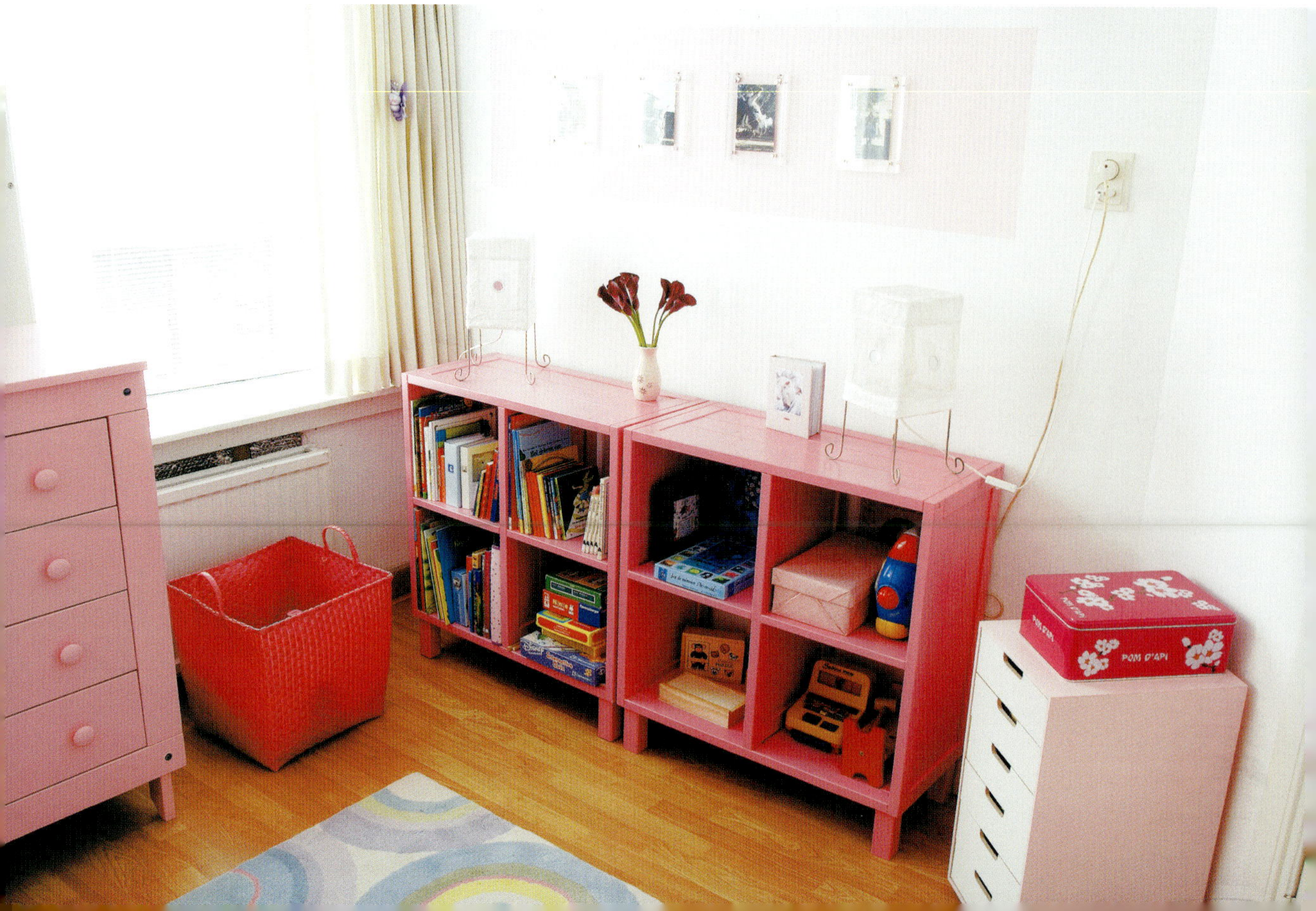

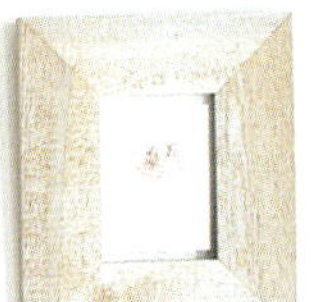

1 순백의 캐노피에 둘러싸인 포근한 잠자리.

2 커플 세트 원목 옷걸이는 네덜란드 키즈 브랜드 이케 오케 Ikke Okke 제품.

3 방문에 붙어 있는 사라의 이름은 네덜란드에서 유명한 원목 알파벳 프레임으로 엄마가
분홍색 페인트로 직접 칠했다.

4 흰색 문에 고리를 달아 코트와 가방을 깜찍하게 수납했다.

5 미니 유모차에 강아지 인형을 태우고 집 안 산책을 즐기는 사라.

6 옷장 문에 장식한 화환 속 곰돌이도 분홍색 리본으로 묶었다.

7 테두리를 분홍색으로 꾸민 코르크보드 액자에는 사라가 그린 그림, 친구에게 받은 카드,
추억이 가득한 사진 등을 붙여두었다.

8 커플 세트 원목 옷걸이와 같은 브랜드 제품인 키 재기 인형.

9 보드라운 촉감이 인상적인 양 모양 장식.

DENMARK
덴마크

코펜하겐 | Copenhagen

'아동 영화에 대한 지원은 세계 최고'라
고 자부할 만큼 전후 덴마크는 아동 영화
에 많은 투자를 하고 있다. 〈정복자 펠레Pelle The
Conqueror〉(1987)와 〈최선의 의도The Best Intentions〉(1992)로 칸 영
화제에서 황금종려상을 수상한 빌레 아우구스트를 시작으로 〈셀
레브레이션The Celebration〉(1998)으로 칸 영화제 심사위원상을 받
은 토마스 빈테르베르, 〈미후네Mifune's Last Song〉(1998)로 베를린
영화제 은곰상을 수상한 쇠렌 크라야콥센 등 유명한 세계 영화
제 단골이 된 북미의 영화감독들도 아동 영화를 찍는 일이 드물
지 않다.

이러한 전통 속에서 1999년부터 매년 세계 각국에서 120여 편의
작품이 덴마크에 집결한다. 탁월한 아동 영화를 뽑는 '버스터 코
펜하겐 국제아동청소년영화제'가 열리기 때문. 장르는 크게 세
부분으로 나뉜다. 2~12세를 위한 아동 영화, 13~16세를 위한
청소년 영화, 그리고 단편 부문이다. 이 영화제의 특별한 점은
대부분의 영화를 어린이가 심사한다는 것이다. 그야말로 '어린이
의, 어린이에 의한, 어린이를 위한' 영화제인 셈. 영화 감상료도
한화 약 1800원 정도로 큰 부담이 없다.

수상작의 면면을 살펴보면 어린이 영화가 가진 뜻밖의 깊이에 놀
라게 된다. 그동안의 수상작들로는 소아 병동의 풍경을 그린 스
페인 영화 〈4층의 소년들Planta 4〉, 청소년 마약 문제를 다룬 미
국 영화 〈13세Thirteen〉등 다양한 소재를 다루고 있다. 참고로 덴
마크는 비교적 영화의 표현과 규제에 관대한 편으로 해외에서 연
령 규제 조치를 받은 작품도 덴마크에서
는 청소년 관람가로 상영하는 경우가
많다.

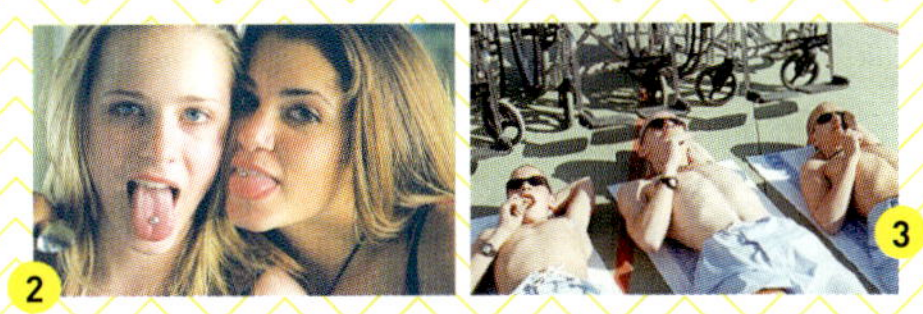

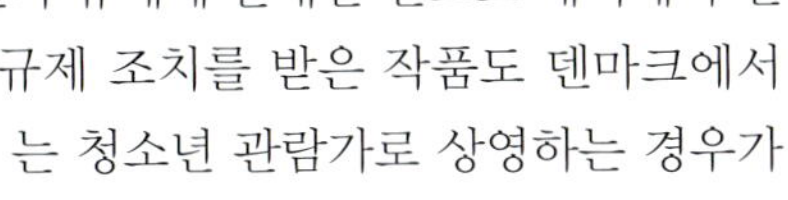

1 티볼리 공원 근처의 아름다운 영화관 팔라드Palad. 국제아
동청소년영화제의 주요 무대가 되는 거리에는 무려 24개
의 크고 작은 영화관이 들어서 있다.

2 청소년 영화 수상작 〈13세〉(감독 캐서린 하드윅)

3 아동 영화 수상작 〈4층의 소년들〉(감독 안토니오 메르세
로)

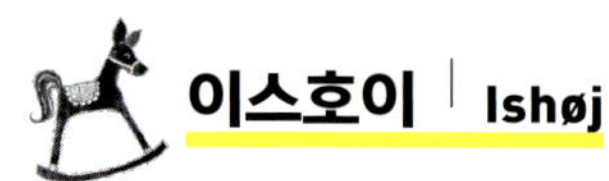

이스호이 | Ishøj

복잡한 도심에서 벗어나 교외 주택에서의 여유로운 생활을 꿈꾸던 소리네와 아우구스트 가족은 원래 농가였던 집을 대대적으로 개조했다. 창고는 아빠 작업장으로, 안채의 2층 일부는 아이들 방으로 만들었다. 소리네와 아우구스트의 방은 비슷한 스타일이지만 컬러를 달리해 서로 다른 분위기로 연출했다. 이 모든 것을 가능케 한 주인공은 바로 가구 디자이너인 아빠. 소리네 방은 노란색, 주황색, 분홍색의 따뜻한 색감으로 매치했다. 아빠의 대표작인 컬러풀한 수납장과 이케아에서 구입한 침대와 카펫도 비슷한 계열의 색감으로 통일했다. 반면 아우구스트의 방은 갈색, 진녹색, 회색, 검은색으로 매치해 시크한 분위기로 꾸몄다. 다양한 색감을 사용하면서도 산만해 보이지 않고 멋진 조화를 이루는 것은 디자이너 아빠의 센스 덕분이다.

1 아우구스트가 첫돌 때 찍은 사진. 세월의 흔적을 고스란히 담았다.

2 등나무 의자는 아빠가 학창 시절 만든 졸업 작품.

3 세 번째 생일을 기념해 만든 소리네의 발자국.
  감각적인 액자로 만든 것은 아빠의 아이디어였다.

4 옅은 하늘빛이 감도는 흰색 바닥을 캔버스 삼아
  형형색색의 장난감이 시각을 자극하는 아우구스트의 방.

5 앙증맞은 의자는 이케아 제품. 선명한 색채가 마음에 들어 구매했다.

소리네Sorine(3세,)
좋아하는 것: 과자
장래 희망: 커리어 우먼

아우구스트August(2세,)
좋아하는 것: 원목 장난감
장래 희망: 디자이너

아빠: 가구 디자이너
엄마: 은행원

컬러 매치가 수준급인 소리네의 방. 소품 하나에도 아빠의 세련된 감각이 돋보인다.

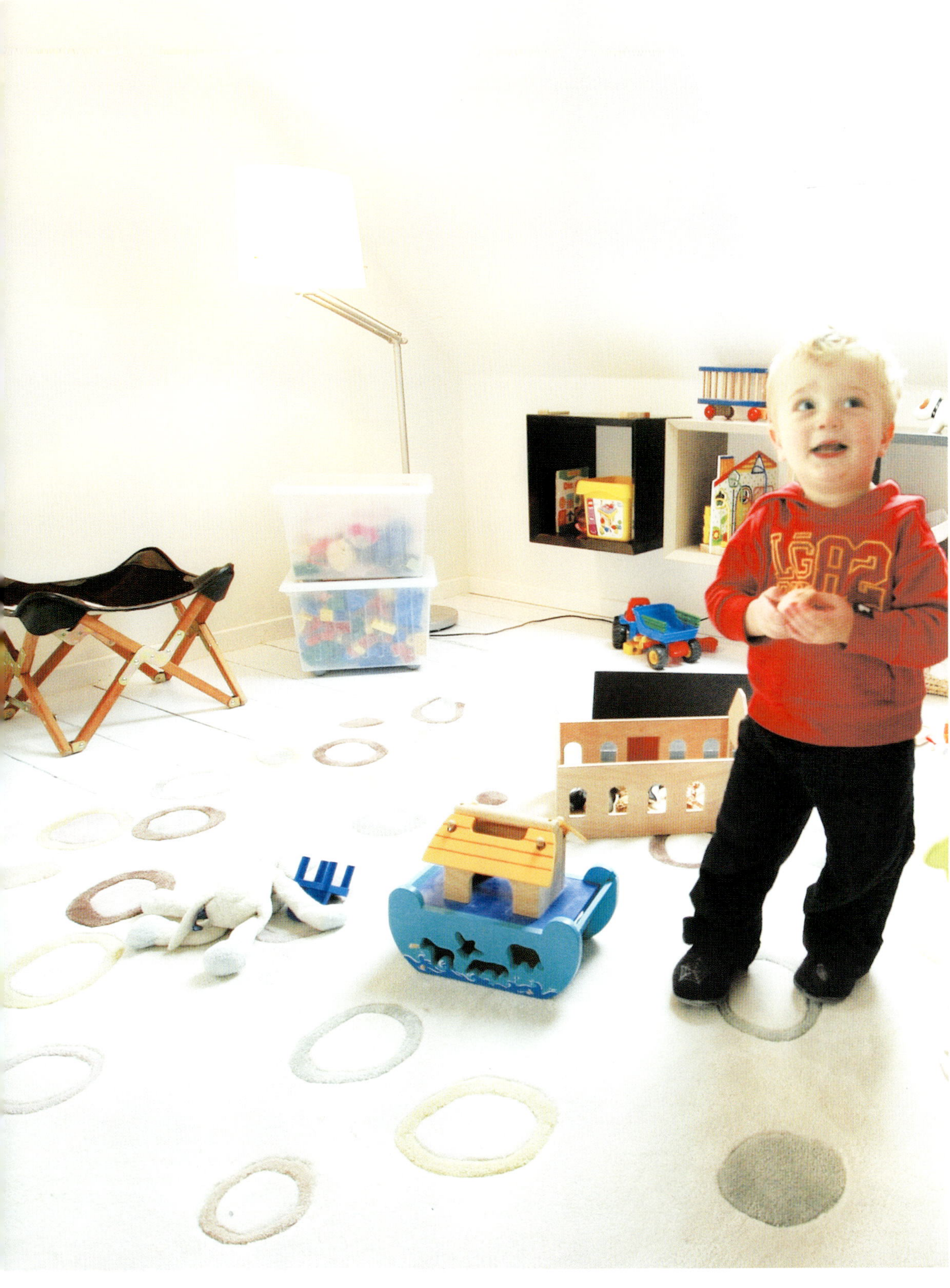

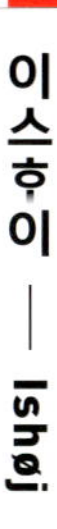

6 장난감을 하나둘씩 꺼내며 소개하는 아우구스트. 덴마크에서 인기 높은 캐릭터인 카이Kaj를 안고 있는 소리네.

7 정원에 놓인 위풍당당한 놀이 기구는 아빠의 역작이다.

8 투박한 디자인의 분홍색 침대는 이케아 제품.

SWEDEN
스웨덴

스톡홀름 | Stockholm

스웨덴은 인구가 대략 900만 명. 우리 나라 인구의 5분의 1에도 미치지 않지만 자동차에서는 볼보Volvo와 사브Saab, 가전에서는 일렉트로룩스Electrolux, 생활용품의 이케아IKEA, 원목 완구의 브리오BRIO, 유아용품의 베이비뵨Baby Björn 등 세계적으로 명성을 떨치는 거대 브랜드를 다수 배출했다. 이런 스웨덴에서 2000년대 중반부터 새로운 흐름이 일어나고 있다.

세련된 매장과 공연장, 갤러리 등이 즐비한 스톡홀름의 남부 지구에 위치한 소데르만에 독특하고 개성적인 숍이 속속 오픈한 것. 눈에 띄는 점은 대규모 프랜차이즈 계열이 아닌 디자이너의 독자적인 상품을 판매하는 소규모 매장이 대부분이라는 것. 무명 극단이 연기하는 아담한 극장부터 젊은 예술가들의 작품을 홍보하고 전시하는 갤러리 숍까지 톡톡 튀는 감각을 자랑하는 이 지역은 천편일률적인 거대 브랜드의 물량공세에 싫증을 느낀 스웨덴 사람들의 뜨거운 반응을 얻었다.

이러한 경향은 아동복도 예외가 아니다. 센스 있는 엄마들의 사랑을 받는 아동복 브랜드 '투스(www.tuss.se)'는 화이트 · 블랙 · 그레이 컬러의 깔끔하고 멋스러운 스타일이 특징이다. 방문판매를 원칙으로 하는 '링고&블루베리(www. lingonochblabar.se)'는 자신의 취향에 맞는 아이 옷이 없다고 느낀 엄마들이 직접 디자이너가 되어 론칭한 브랜드. 피부가 민감한 아이도 안심하고 입을 수 있도록 모든 상품을 친환경 소재로 만든다. 또한 텍스타일 디자이너들이 공동으로 경영하는 '텍스티러너'는 옷뿐만 아니라 다채로운 컬러가 매력적인 소품을 판매한다. 아동복에서 잡화, 중고품까지 폭넓은 라인업을 갖춘 토털 키즈 숍 '안다'는 젊은 부모들로 늘 북적이는 매력적인 공간이다. 똑같은 스타일과 유행을 거부하고 자신만의 취향을 중시하는 엄마들이 늘어나면서 그 수요에 부응하는 개성 만점의 소규모 숍도 함께 늘고 있다.

1 개성적인 숍이 밀집해 있는 소데르만.
2 투스에서 판매하는 앙증맞은 소품.
3 링고&블루베리는 엄마들이 만든 브랜드답게 친환경 소재가 특징이다.
4 발랄한 색감이 눈길을 사로잡는 텍스티러너 제품.

FINLAND
핀란드

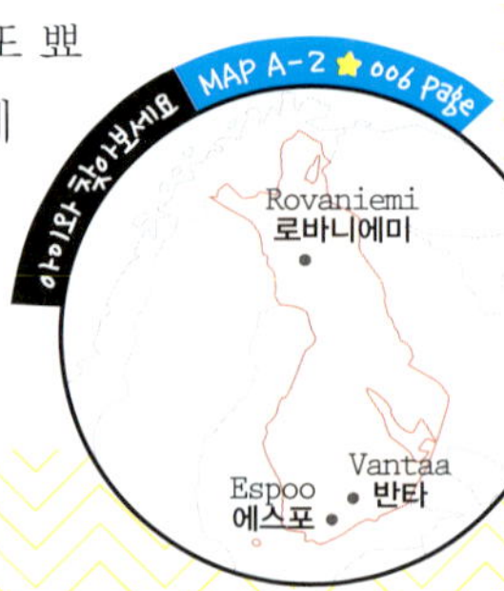

로바니에미 | Rovaniemi

오래전부터 핀란드에서는 자국 제품의 디자인 수준을 향상시키기 위해 매년 세계 디자인 대회인 페니아상Fennia Prize을 개최한다. 이 대회는 핀란드 디자인 협회가 운영하는 디자인 포럼과 보험회사 페니아가 공동 주최하며 독창적 디자인과 혁신적 기술을 겸비한 제품을 선정해 수상한다.

몇해 전에는 대형 설치 작품을 연상시키는 유기적이고 독특한 디자인의 놀이 기구가 대상을 차지해 화제를 모았다. 주인공은 산타클로스 마을로 유명한 로바니에미에 본사를 둔 랍세트 회사에서 만든 악시옴 AXIOM. 어느 공원이든 한두 개씩 있는 미끄럼틀이 달린 정글짐을 새로운 시각으로 해석한 제품이다.

보는 것만으로도 시각적 즐거움을 주는 악시옴이 탁월한 건 외양뿐이 아니다. 제작사는 '앞으로의 도시 환경에서 아이들에게 필요한 것은 무엇인가'라는 고민을 반영했다고 말한다. 개발 팀에서 중점을 둔 것은 6세 이상 아이들의 지적 흥미를 자극할 것, 아이들이 최대한 몸을 움직이도록 할 것, 집단으로 노는 활동을 통해 협동심과 사회성을 길러줄 것이었다. 목재와 알루미늄 소재로 질감 차이를 느끼게 하고, 컬러풀하고 기하학적인 외양으로 거리감과 공간감을 익히는 데 도움을 준다. 또 뾰족한 부위 없이 모든 요소가 원형으로 이어져 안전성과 내구성까지 두루 갖췄다. 세련된 디자인과 실용성을 겸비한 악시옴은 진화를 거듭하는 어린이 놀이 기구가 나아가야 할 방향을 제시한 탁월한 제품으로 평가받고 있다.

1 대형 놀이 기구 악시옴. 미래적 감각의 거대한 조형물을 방불케 한다.

2 미끄럼틀은 알루미늄 소재로 만들었다.

아델레가 사는 집은 지은 지 부척 오래되어 넷 년 후 철거를 앞두고 있다. 그러나 겉모습처럼 집 안도 낡고 허름할 거라 상상하면 곤란하다. 쇼윈도 디자이너인 아델레의 엄마는 예술적 감각을 마음껏 발휘해 딸의 방에 화사한 숨결을 불어 넣었다. 빨간색을 좋아하는 아델레를 위해 커튼과 천장, 침대 커버, 러그 등 모든 패브릭을 빨간색 톤으로 맞췄다. 레이스 커튼 사이로 햇살이 스며들면 아델레의 방은 아늑하고 몽환적인 분위기로 변신한다. 방 안 곳곳에는 엄마의 근사한 아이디어가 빛난다. 페인트로 칠한 뒤 별 모양 스팽글을 붙여 독창적인 작품으로 재탄생한 이케아 램프를 비롯해 왼쪽 벽면의 살랑살랑 날갯짓하는 하트 장식도 엄마의 솜씨. 아이돌 가수가 되고 싶어 키보드를 배우는 중이라는 아델레는 판타지가 넘쳐나는 공간에서 날마다 풍부한 영감을 얻는다.

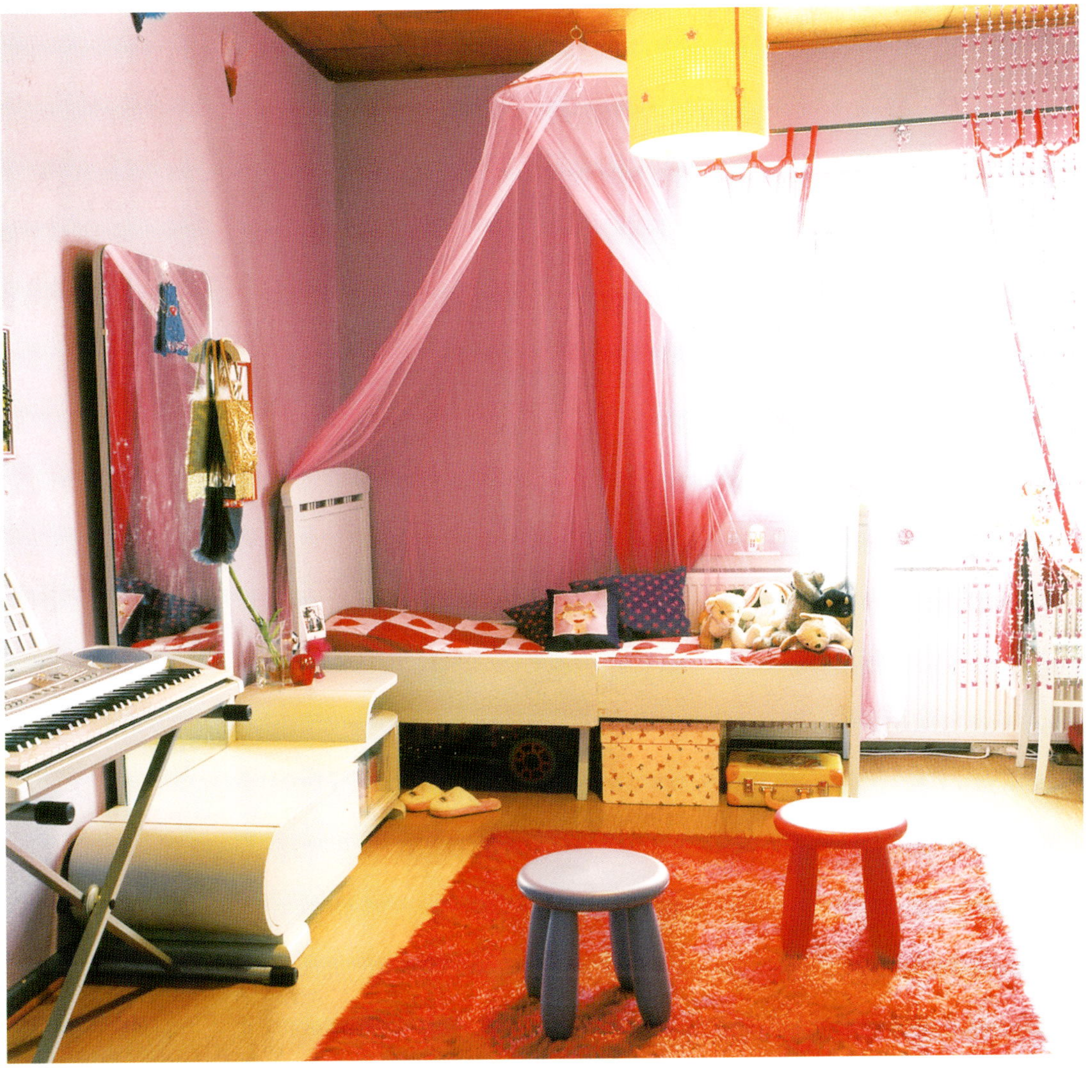

방 한가운데 놓인 컬러풀한 스툴은 이케아 제품. 부모가 어린 시절부터 사용하던 것이다.

아델레Adele(8세,)
좋아하는 것: 인형
장래 희망: 우주공학자

아빠: 카메라맨
엄마: 쇼윈도 디자이너

1 아델레가 좋아하는 인형과 엄마가 만든 하트 모양 양초.

2 생일 선물로 받은 인형은 아델레의 소중한 친구들. 쿠션과 침대 커버는 할머니의 핸드메이드 작품이다.

3 바람에 흔들리면 청아한 소리가 들려오는 아름다운 비즈 커튼은 할머니가 손녀에게 선물한 것.

4 할아버지가 아빠에게, 아빠가 아델레에게 물려준 연한 물빛 수납장. 분홍색 자석 칠판에는 소중한 카드와 사진을 장식해 추억의 공간으로 만들었다.

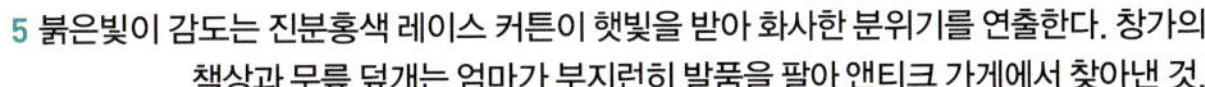

5 붉은빛이 감도는 진분홍색 레이스 커튼이 햇빛을 받아 화사한 분위기를 연출한다. 창가의 책상과 무릎 덮개는 엄마가 부지런히 발품을 팔아 앤티크 가게에서 찾아낸 것.

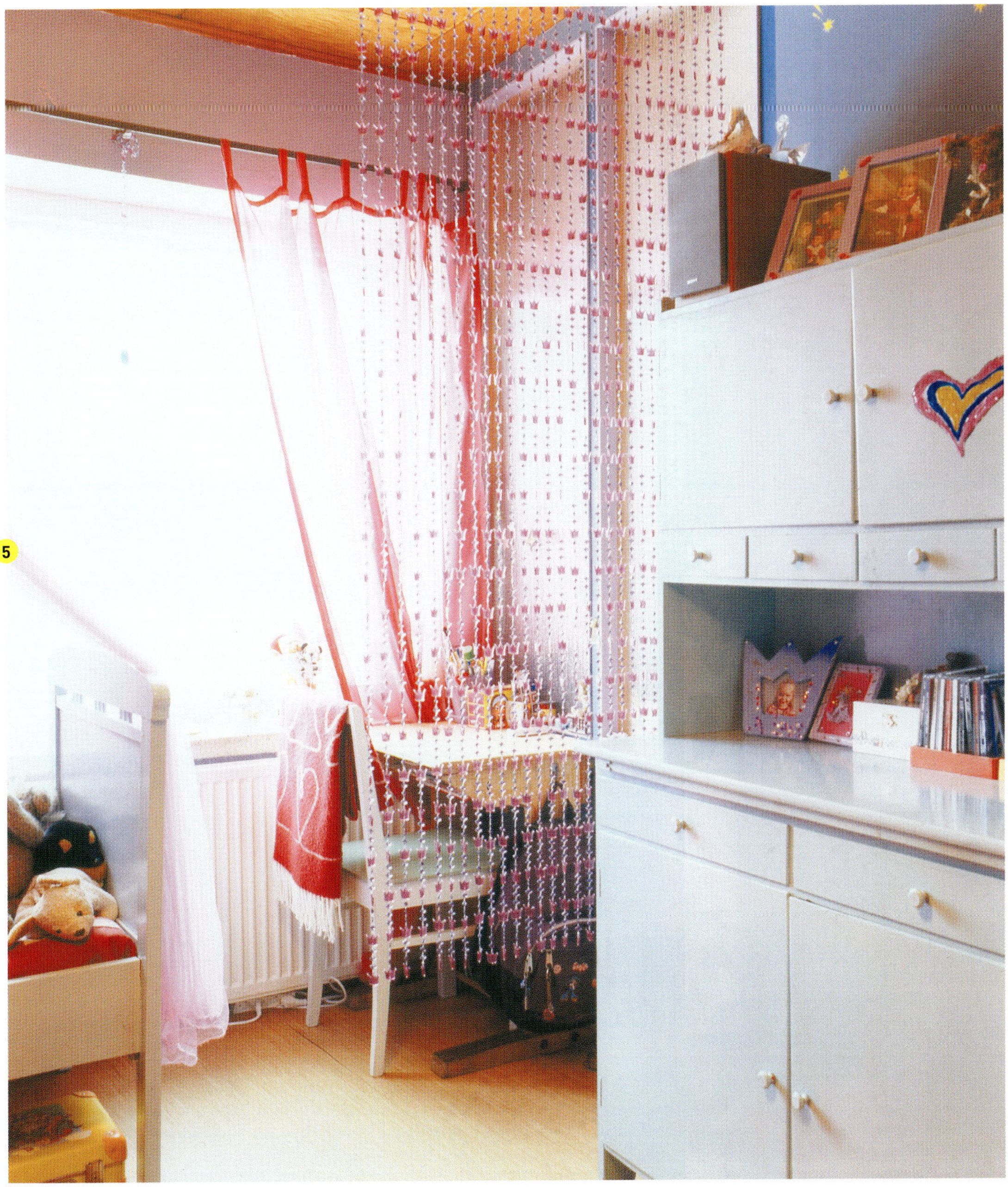

6 엄마의 예술적 감수성을 고스란히 물려받은 아델레의 수채화.

7 선물로 받은 섬세하고 멋스러운 액자.

에스포 | Espoo

강렬한 존재감의 연보라색 벽
과감한 터치로 표현한 환상적 분위기

대규모 도시 개발의 정점에 있는 에스포는 핀란드의 최신 건축물이 집결한 지역이다. 이곳의 신축 아파트에 사는 올리비아와 아델레의 방은 모던한 건물 외관과 달리 정겹고 운치 있는 인테리어로 아련한 향수를 자극한다. 엄마는 흰색 벽이었던 올리비아의 방을 연보라색 페인트로 칠해 신비로운 기운을 불어넣었다. 대담하고 리드미컬한 붓 터치로 마치 뭉게구름이 피어오르는 듯 생동감이 넘친다. 침대나 의자는 원목 제품을 선택해 나무 특유의 따스함과 차분함을 가미했다. 여동생 아델레는 아직 어려 아직 부모님과 함께 자지만 대부분의 시간을 올리비아 방에서 언니와 사이좋게 지낸다. 연보라색 벽의 존재감이 워낙 강렬해 엄마가 만든 아기자기한 소품을 제외하고는 최대한 장식을 자제했다. 손재주가 좋은 엄마는 아이들의 소품 제작에 멈추지 않고 수공예 강사가 되기 위해 공부 중이라고.

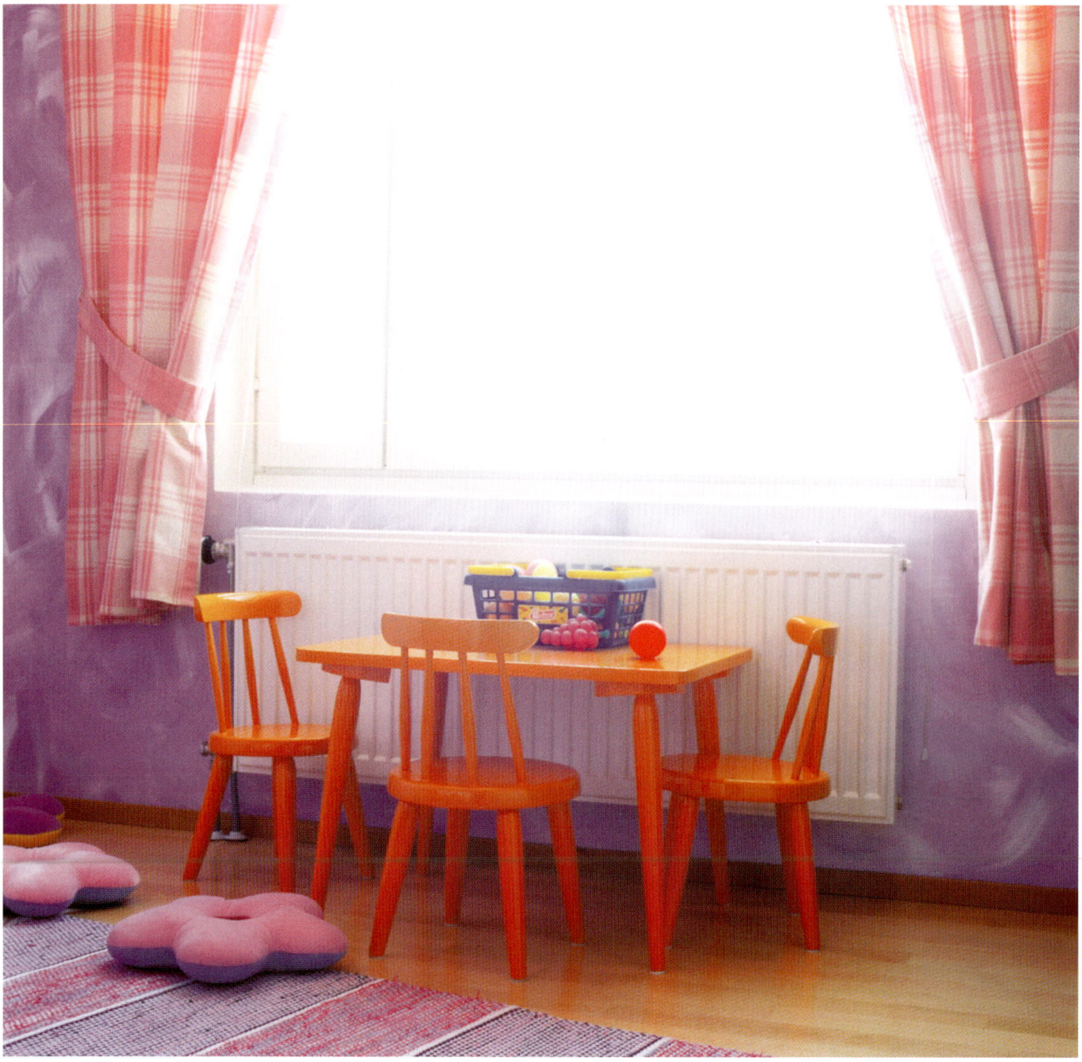

올리비아와 아델레가 소꿉 놀이에 사용하는 테이블. 오렌지색, 연보라색, 분홍색의 로맨틱한 매치가 인상적이다.

올리비아Olivia(3세,)
좋아하는 것: 퍼즐
장래 희망: 학교 다니기

아델레Adele(생후 8개월,)
좋아하는 것: 과일 장난감

아빠: 엔지니어 전공 대학생
엄마: 수공예 전공 대학생

1 세계적 인기를 누리는 핀란드 동화 〈무민Moomin〉의 캐릭터. 핀란드 아이라면 누구나 좋아한다.

2 수납장 위 자수 그림과 천사 모양 마스코트는 엄마의 핸드메이드 작품.

3 엄마가 직접 칠한 벽. 대담한 붓 터치로 역동적이면서도 몽환적인 분위기를 연출했다.

4

5

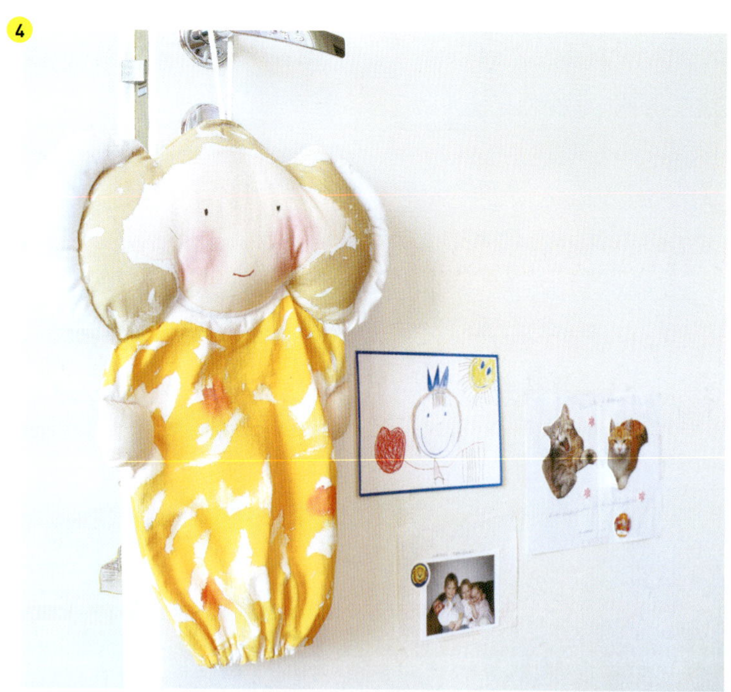

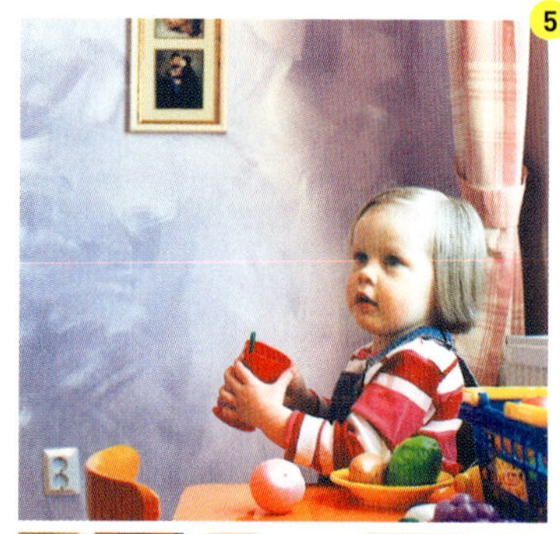

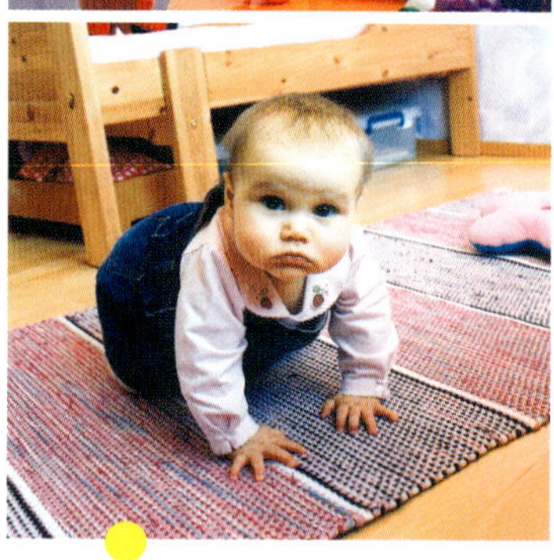

4 엄마의 핸드메이드 인형. 부드럽고 폭신폭신해 아기 쿠션으로 사용한다.
5 과일 모양 장난감을 가지고 소꿉놀이를 하는 올리비아.
6 엄마가 만든 옷이 연보라색 벽과 기막힌 궁합을 이룬다. 잠자리에 든 곰 인형과 왕관 모양 장식 거울이 사랑스럽다.

6

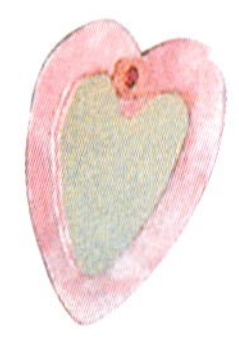

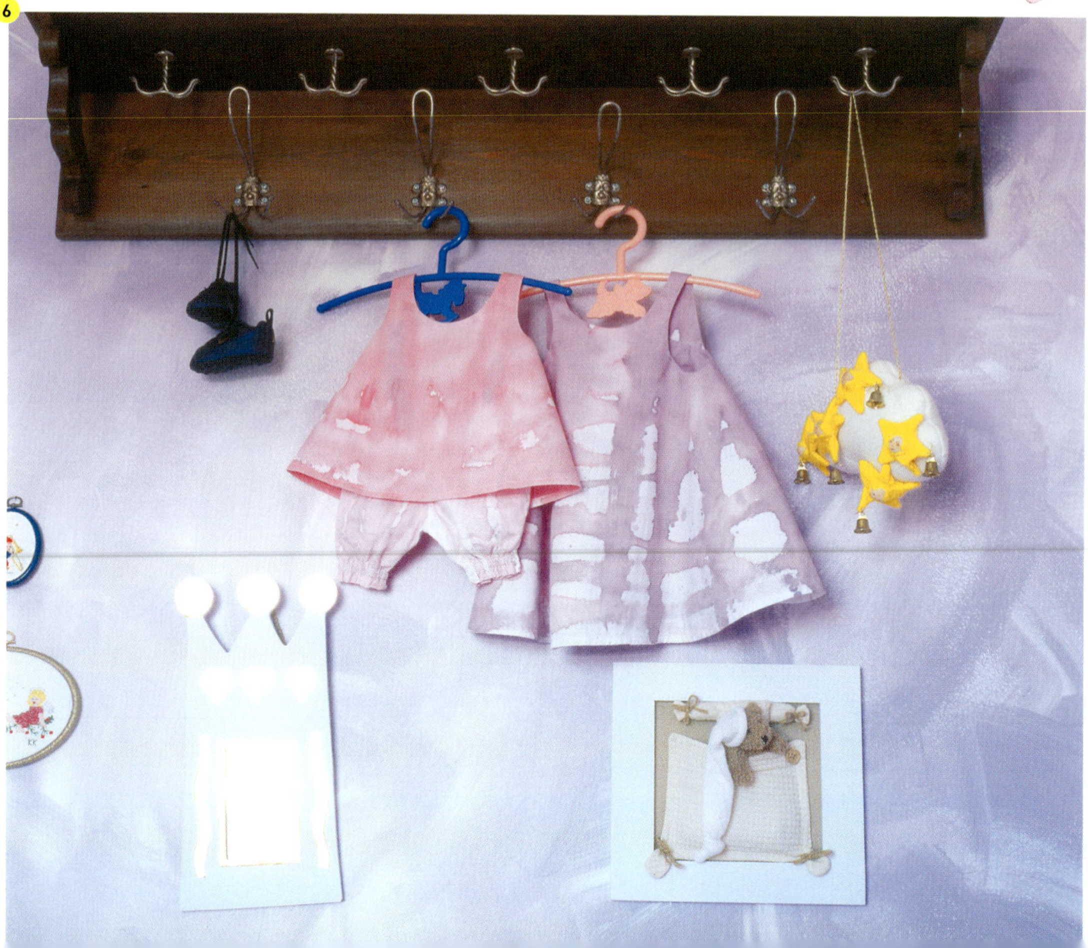

INDIA인도

델리 | Delhi

핫메일Hotmail의 창시자가 인도인이라는 사실을 알고 있는지? 인터넷 접속만 하면 전 세계 어디로든 메일을 주고받는 혁신적인 시스템을 개발해 마이크로소프트의 빌 게이츠에게 4억 달러에 판 주인공은 사비어 바티아라는 20대의 인도 프로그래머였다. 실리콘밸리에서 IT 기술자로 일하는 인도인이 20만 명이 넘고 1500개의 세계 유수 기업의 약 40%가 인도계 기업에 소프트 개발을 맡긴다. 인도가 IT업계에서 이토록 눈부신 발전을 이룬 까닭은 무엇일까?

인도는 1991년 외환 위기를 계기로 경제 자유화 노선으로 전환하면서 노동력 수출이 활발해졌다. 서구 기업에 취직한 인도인은 능숙한 영어 실력과 저렴한 임금 이외에도 특정 분야에서 탁월한 능력을 발휘했는데, 그것은 바로 기억력과 계산 능력.

인도에서는 12년의 교육 기간을 거쳐 대학에 진학하는데 이 기간 동안 인도 학생이 습득하는 수학의 난도는 상상을 초월할 정도로 높다. 곱셈 암기의 경우 구구단은 물론이거니와 초등학교에서 두 자리 수 곱셈을 마스터하는 학생도 수두룩하다. 사교육이 전무하고 참고서나 문구류가 부족한 인도에서 모든 학습은 오로지 학교에서만 이루어진다. 덕분에 교사는 부모와 아이들에게 그야말로 절대적 존재다. 자식의 미래를 위해 헌신하는 부모의 높은 교육열과 스파르타식의 엄격한 수업으로 아이들은 목숨 걸듯 공부에 매진한다. 전 세계를 휩쓸고 있는 인도인의 뛰어난 암기력과 수학 실력은 이러한 배경에서 비롯된 것이다.

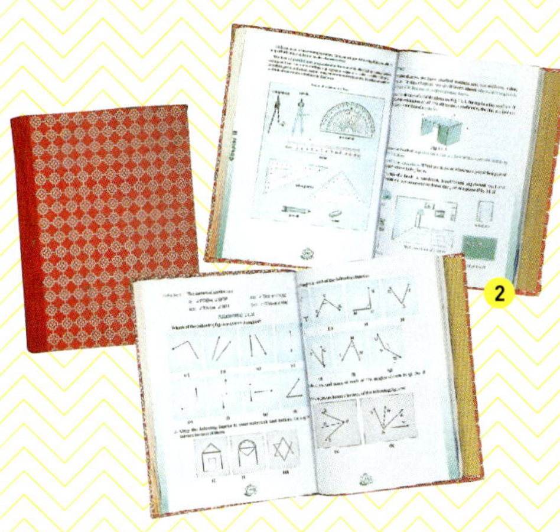

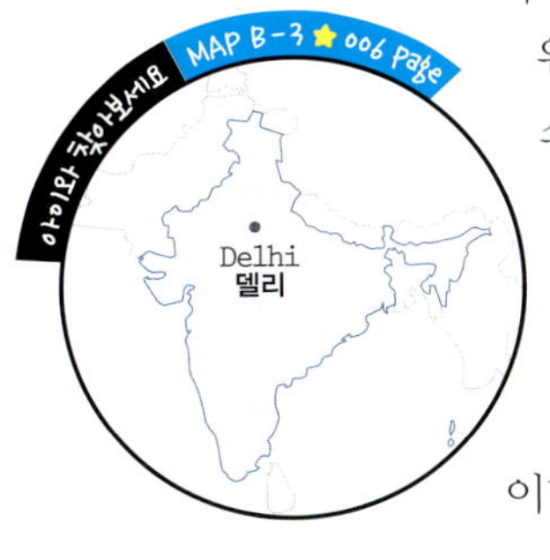

1 인도에서는 아직 모든 아이들이 컴퓨터를 접할 만큼 대중화되지 않았다.

2 빨간색 무늬가 귀여운 하드커버의 초등학교 5학년 수학 교과서.

3 1×1부터 20×20까지 적혀 있는 곱셈 교과서는 초등학교 3학년 수준이다.

THAILAND
태국

방콕 | Bangkok

태국에서는 여성이 결혼과 출산 뒤에도 자신의 일을 지속하는 게 일반적이다. 대기업의 여성 임원 비율도 높고 창업 절차도 비교적 간단해 회사에 근무하면서 레스토랑이나 카페를 경영하는 여성도 많다. 계급사회의 잔재가 여전히 남아 있지만 어떤 곳에서도 여성이 일하는 상황은 마찬가지다. 변두리 노점에서든 최신식 고층 빌딩에서든 활기차게 일하는 여성의 모습을 쉽게 볼 수 있다.

여성이 일하는 분위기가 당연시되는 태국에서는 육아가 엄마의 몫이라는 생각은 통하지 않는다. 경제적으로 여유로운 중산층 이상의 가정에서는 '메이번'이라는 가사 도우미를 고용한다. 더불어 가족 관계를 중시하는 태국에서는 부모나 형제와 가까운 거리에 살면서 아이를 돌봐주고 식사를 함께 하는 등 결혼한 뒤에도 서로 돈독한 관계를 유지하며 지낸다.

그런데 일하는 엄마로 살아가는 태국 여성들이 유럽에서처럼 일찌감치 아이 방을 내주고 독립심을 길러준다고 생각하면 오산이다. 태국에서는 아이가 초등학생이 되기 전까지는 부모와 한방을 쓰는 일이 대부분이다. 같은 공간에서 최대한 많은 시간을 보내면 가족의 연결 고리가 더욱 단단해진다고 믿기 때문.

태국인은 '무리하지 않는다', '힘든 일에는 되도록 휘말리지 않는다'를 인생 철학으로 삼는다. 육아도 예외가 아니어서 아이가 있다고 일을 포기하거나 무언가를 희생할 필요는 없다고 생각한다. 이는 사회 전체가 유기적으로 연결되어 가족, 친척, 더 나아가 타인까지 서로 긴밀하게 협동하여 하나의 커다란 가족 관계를 이루고 있는 덕분이다.

1 가사 도우미는 요리, 청소, 베이비시터도 겸한다.

2 아이들의 천국인 태국. 서비스 매장에서도 아이들에게는 관대한 편이다.

방쿡 | **Bangkok**

새롭게 부상하는 중산층인 중화권 태국인이 사는 방쿡 교외의 주택가. 핀과 포스 형세의 엄마와 인의 엄마는 자매 사이로, 가까이 살면서 서로의 집을 허물없이 드나든다. 뉴스 앵커로 바쁘게 일하는 엄마를 둔 인은 늘 핀과 포스의 집에서 함께 대부분의 시간을 보내는 덕분에 웬만한 사내아이 못지않게 발랄하고 외향적이다. 예쁜 인형에는 눈길도 주지 않고 형제와 활기찬 놀이를 즐긴다. 핀과 포스의 방에는 침대가 하나밖에 없는데, 형제가 같은 침대에서 자는 게 태국에서는 일상적이다. 건강한 비타민 컬러를 많이 활용한 집 안은 밝고 개방적인 분위기가 물씬 풍긴다. 형제의 엄마는 군더더기 없이 심플한 가구에 상큼한 색감의 커튼과 쿠션을 곁들여 공간에 포인트를 주었다.

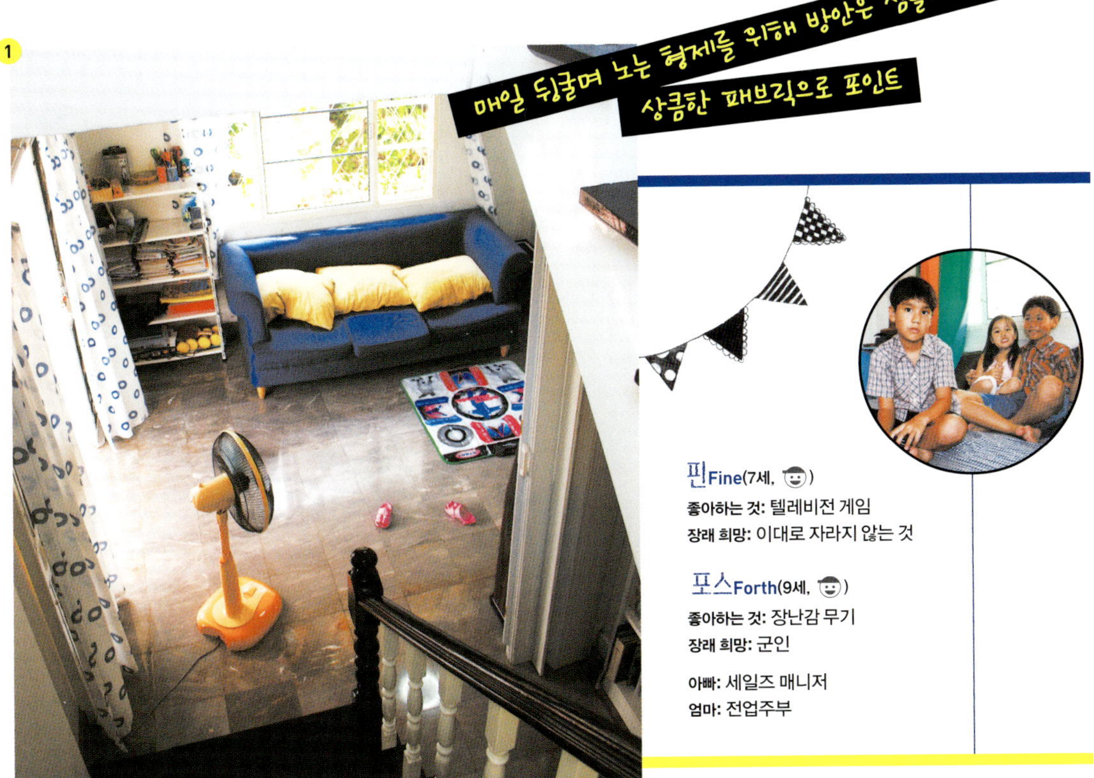

핀 Fine(7세, 😊)
좋아하는 것: 텔레비전 게임
장래 희망: 이대로 자라지 않는 것

포스 Forth(9세, 😊)
좋아하는 것: 장난감 무기
장래 희망: 군인

아빠: 세일즈 매니저
엄마: 전업주부

1 바람이 솔솔 불어오는 거실은 가족의 안락한 휴식 공간. 노란색과 파란색이 발랄한 조화를 이룬다.

2 주방은 수납 문과 선반을 노란색으로 매치해 산뜻한 분위기를 연출했다.

3 활발한 소년의 방에 여성스러운 레이스 커튼이 의외의 멋을 선사한다.

6 하루에 몇 번이고 오르락내리락하는 계단. 창가로 비치는 햇살이 따뜻하게 집 안으로 들어온다.

7 흰색 외벽에 싱그러운 초록 식물이 상큼하다. 열대기후 지역인 태국은 어디에서든 건강하고 싱싱한 식물을 만날 수 있다.

8 엄마의 취미는 재봉. 아이 옷 한 벌도 뚝딱 만들어낸다..

9 주방 옆에 마련한 엄마의 가사 코너. 커튼은 엄마의 핸드메이드 작품이다.

10

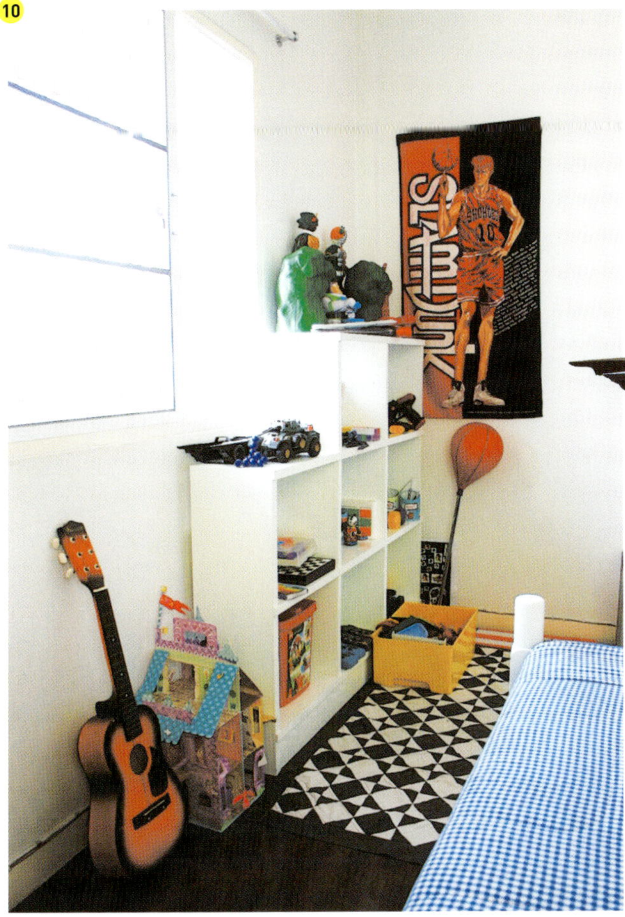

11

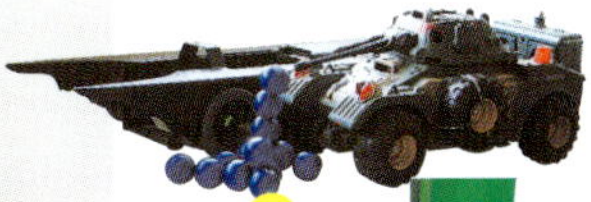

12

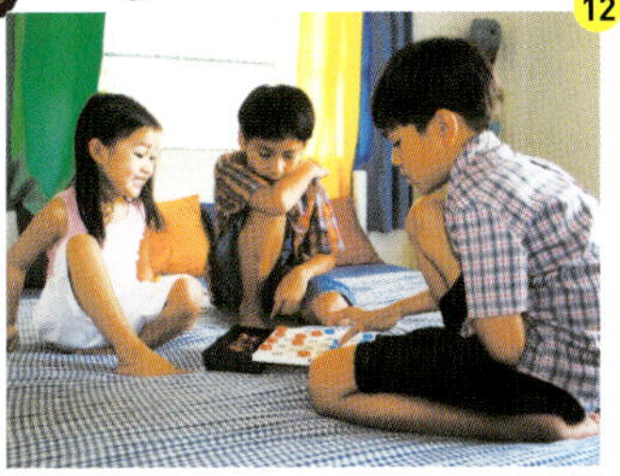

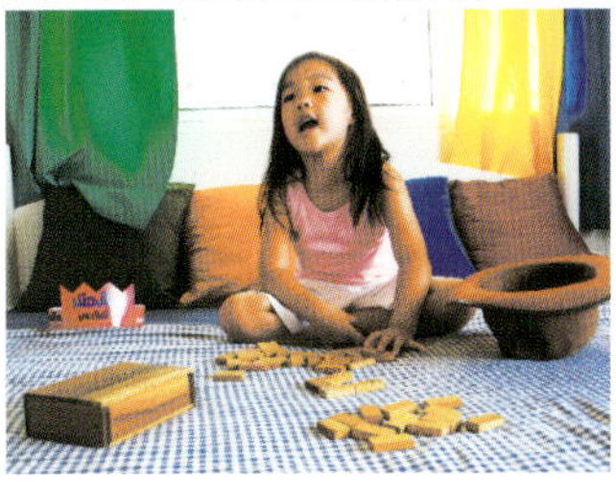

13

10 진열된 장난감과 포스터만 봐도 남자아이 방임을 짐작케 한다.

11 소년의 취향을 고스란히 반영하는 전차 장난감.

12 형제처럼 늘 함께 노는 아이들.

13 원색의 강렬한 커튼이 시선을 사로잡는 형제의 방. 아이들의 감성을 키워주기 위해 다채로운 색감을 사용했다.

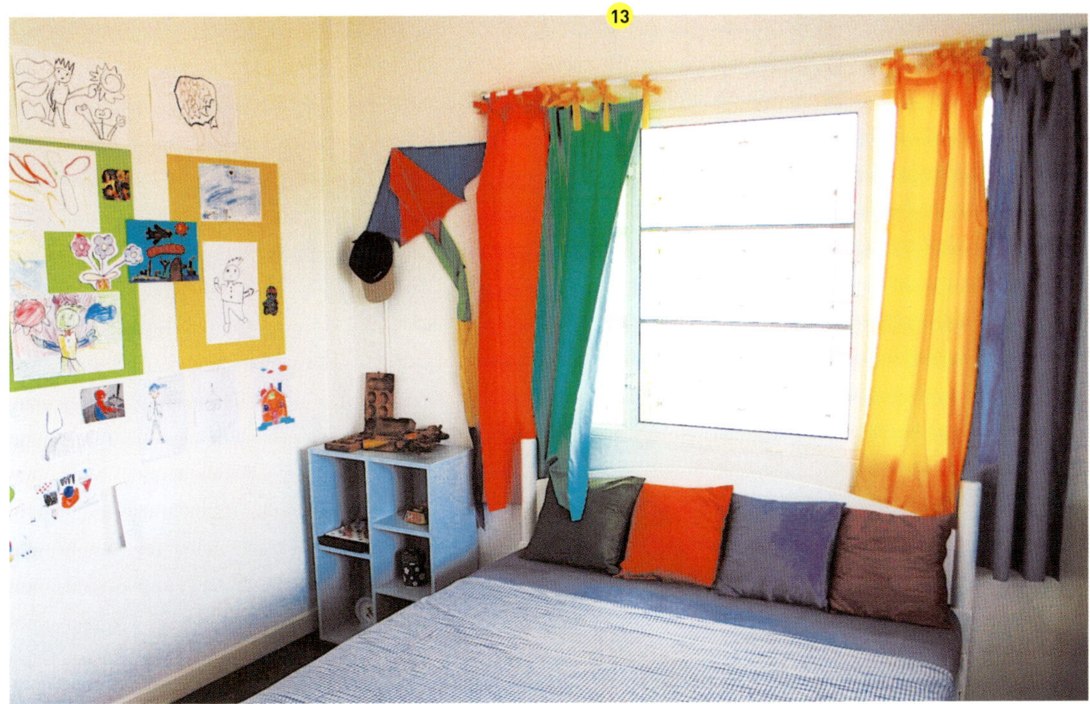

방콕 | Bangkok

핀이 사는 집은 유엔 직원 전용 주택으로 50년 전에 지은 모던한 스타일의 아파트다. 영국 태생인 핀의 엄마는 예술 교육에 중점을 두는 국제 유치원 교사이면서 아동복 디자이너로도 활동하고 있다. 태국인 아빠도 인테리어 디자이너. 혼혈인의 연예계 진출도가 높은 태국은 아기 모델도 예외가 아니어서 아직 한 살밖에 안 된 핀도 모델로 활동하고 있다. 디자이너 부모를 둔 덕분에 집 안 곳곳에는 멋진 볼거리가 가득하다. 모던한 가구와 선명한 색감의 독특한 인테리어 소품이 절묘한 조화를 이루는 거실은 핀이 가장 많은 시간을 보내는 공간이다. 엄마는 아들을 위해 세련된 인테리어에 장난감과 소품을 능숙한 솜씨로 배치했다.

1 다양한 태국 전통 오브제. 전망 좋은 창가에 사이좋게 진열했다.

2 모던한 스타일의 가구를 감각적으로 배치한 거실. 흰색과 빨간색의 대비가 인상적인 아기용품이 차분한 공간에 상큼한 포인트가 된다.

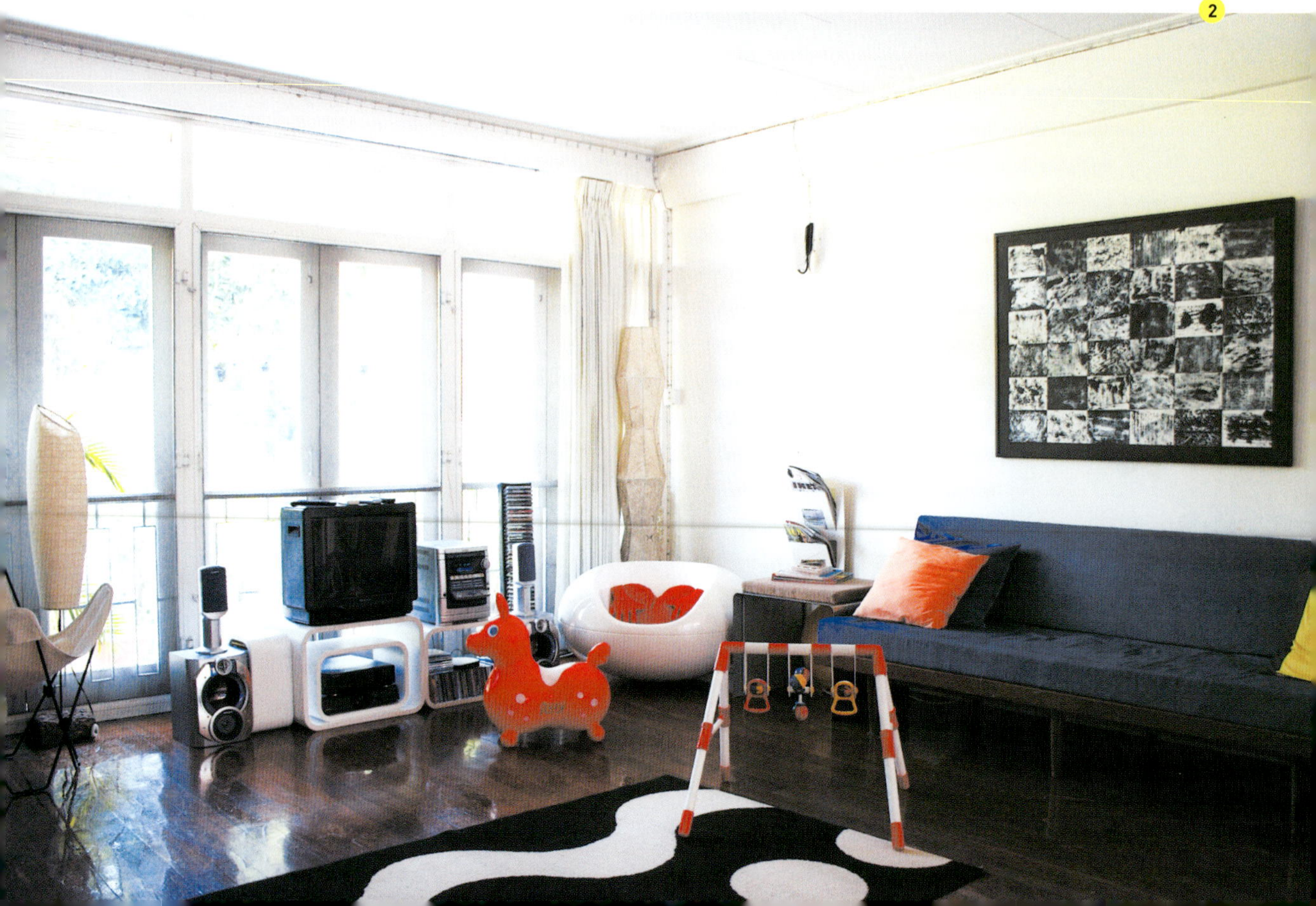

핀 Finn(1세, 😀)

좋아하는 것: 리모컨
장래 희망: 성형외과 의사
　　　　　　(엄마의 희망)

아빠: 인테리어 디자이너
엄마: 유치원 교사, 디자이너

3 넓은 거실을 수납장으로 구분해 두 공간으로 나누었다.

4 알록달록한 장난감도 모던하고 감각적인 오브제로 변신한다.

5 천진난만한 표정으로 장난감을 흔들어보는 핀.

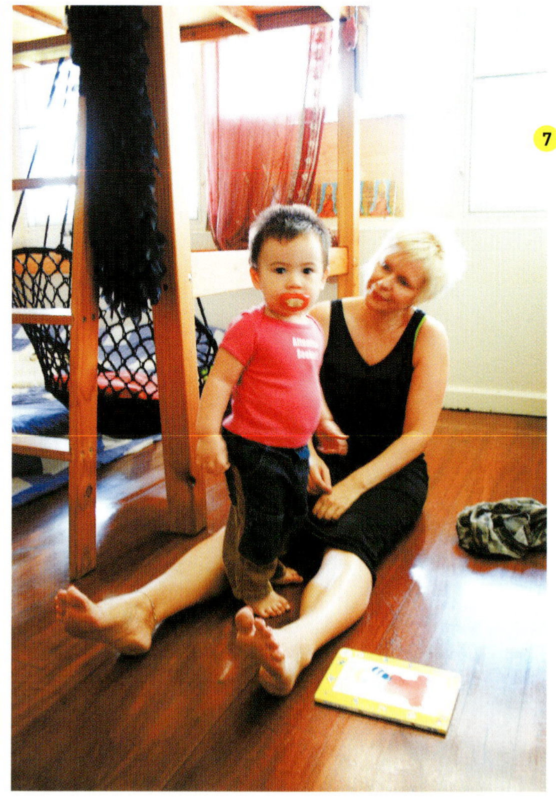

6 알록달록한 보행기. 아기 침대
는 무채색으로 골라 색의 강약
을 조절했다.

7 아기 모델답게 이목구비가 뚜
렷한 핀. 뒤쪽으로 핀이 좋아하
는 그물 의자가 보인다.

8 울퉁불퉁 통통한 디자인이 깜
찍한 화병과 시계.

9 책상 위에는 엄마 솜씨인 아동
복 디자인이 놓여 있다.

10 엄마가 디자인한 아기 옷들.

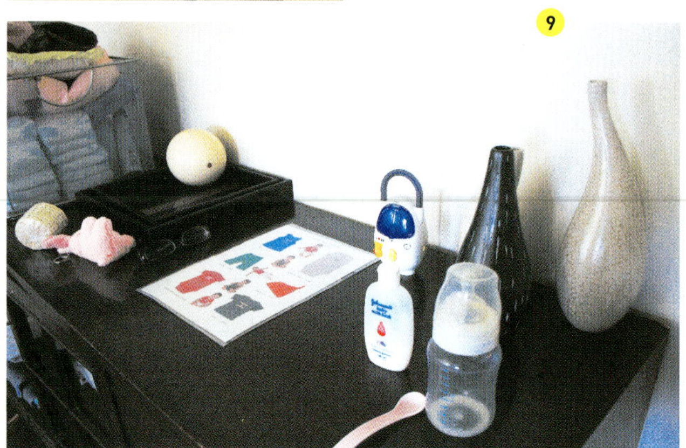

CHINA 중국

 **상하이 | Shanghai**

중국은 '한 자녀 정책'으로 유명하다. 어
릴 때부터 어른들의 애정을 한 몸에
받고 자라서인지 중국의 대도시 아이들
은 언제나 얼굴에 웃음을 가득 띠고 위풍당당한
기세로 거리를 활보한다.

주변 사람들의 지극정성 아래 공주님, 왕자님으로 자라나는 아이
들을 겨냥한 산업은 중국에서 급격한 성장세를 기록 중이다. 응급
실이 마련된 소아 병동 근처에 어둠이 내리면 약속이나 한 듯 하
나둘 가판대가 나타나 기묘한 불빛을 반짝인다. 대체 뭐 하는 곳
인가 하고 다가가보면 모두 장난감 노점상들이다. 아이에게 병은
밤낮을 가리지 않고 찾아오는 법. 아이를 들쳐 업고 사색이 되어
응급실로 달려갔던 부모들은 큰 사고가 아님을 알게 되면 가슴을
쓸어내린다. 그리고 아이가 원하는 것이라면 뭐든지 들어주고 싶
은 심정이 된다. 심야의 소아 병동에 모여든 노점상의 몽롱한 불
빛은 이러한 부모들의 심리를 기막히게 포착한 마케팅의 결과.
판매 목록을 살펴보면 모양이 일그러지고 색이 탁한 구슬, 마감
손질이 꼼꼼하지 못한 인형 등 결코 질이 좋다고는 할 수 없는 저
렴한 물건이 대부분. 캄캄한 어둠 속에서는 그토록 매혹적으로
보이던 장난감들이 다음 날 아침 밝은 곳에서 보면 시시한 잡동
사니로 전락하고 만다. 부모와 아이 모두 신비한 마법이 풀린 듯
허탈한 기분에 휩싸이지만 후회해도 소용없는 노릇. 오늘 밤도
상하이의 소아 병동 입구에는 홀연히 모
습을 드러낸 가판대가 황홀한 불빛으
로 아이들의 마음을 홀린다.

Shanghai •
상하이

1 밤마다 소아 병동 앞에 출몰하는 장난감 노점상. 몽롱한
불빛이 부모와 아이들을 유혹한다.

2 노점상에서 판매하는 장난감.

3 어두운 곳에서 봤을 때는 더없이 탐나던 인형도 다음 날
아침에 보면 어딘가 허술해 보인다.

대만계 캐나다인 아빠와 일본인 엄마 사이에서 태어난 토모미는 영어와 중국어, 일본어까지 무려 3개 국어를 자유자재로 구사하는 똑똑하고 야무진 아이. 토모미 가족은 오랫동안 캐나다 밴쿠버에서 살다가 얼마 전 상하이 고층 아파트로 보금자리를 옮겼다. 엄마는 인테리어 디자이너까지 고용해 사랑하는 딸의 방을 로맨틱한 중국 스타일로 꾸몄다. 곳곳에 배치한 중국풍 소품이 깜찍하면서도 고풍스러운 분위기를 선사한다. 어른이 돼서도 유치해 보이지 않도록 여성미 넘치는 침대와 책상, 책장 등의 가구는 성인 사이즈의 흰색으로 통일하고 침대 커버와 커튼, 러그 등에 상큼한 컬러를 매치해 발랄한 개성을 담아냈다. 여기에 토모미가 직접 자신이 좋아하는 물건을 채워 자기만의 방을 완성했다.

1 사랑스러운 소녀 방에 어울리는 아기자기한 소품과 우아한 디자인의 가구.
2 상하이 소녀라면 한 벌쯤은 갖고 있어야 할 차이나 드레스.
3 최근 배우기 시작했다는 바이올린은 토모미의 보물 1순위.

토모미|Tomomi(7세,)

좋아하는 것: 바이올린
장래 희망: 수의사 혹은
네 아이의 엄마

아빠: 사업가
엄마: 웹 디자이너

4 큰지막한 흰색 침대가 우아한 자태를 뽐낸다.

5 토모미가 부활절에 만든 토끼 인형.

6 방에는 귀여운 그림책이 가득하다. 국제 학교에 다니는 토모미는 영어와 중국어로 된 책을
막힘없이 술술 읽는다.

7 토모미가 직접 만든 작품을 벽 장식에 활용했다.

AUSTRALIA
호주

🐎 시드니 | **Sydney**

해양 스포츠가 일상인 호주이지만 20세기 초반까지는 대낮 해수욕을 법률로 금지했었다고 한다. 당시 해수욕이 허용된 시간은 오로지 이른 새벽 혹은 해가 지고 난 뒤였고 남녀가 함께 바다에 들어가는 것조차 엄격히 금했다.

이 법률은 1903년에 폐지되었으며 그 이후 해수욕과 해양 스포츠를 즐기는 인구가 폭발적으로 늘어났다. 그런데 한 가지 문제가 생겼다. 바로 바닷가 안전사고가 속출한 것. 결국 1906년에 시드니의 본다이 비치Bondi Beach에서 세계 최초로 서프 라이프 세이빙 클럽Surf Life Saving Club, 즉 해상 인명 구조대가 발족되었고 호주의 각 해변으로 퍼져나갔다. 이후 다수의 자원봉사 구조대가 해변가를 순찰하면서 안전사고를 예방하고 있다.

해변가에서 똑같은 수영모와 수영복을 착용하고 일사분란하게 움직이는 어린이들은 일명 '아기 대원'이라고 하는 5세부터 14세까지의 어린이 구조대원들이다. 호주 각지의 서프 라이프 세이빙 클럽이 운영하는 아동 교실 학생들인 이들은 호주가 여름을 맞이하는 10월부터 3월까지 매주 일요일 아침이면 해변에 집결한다.

아기 대원들은 로프 타기, 깃발 뺏기, 서핑 등의 활동을 통해 해변가의 안전한 놀이법을 배우고 수영, 달리기, 해변 축제 등의 클럽 대항전을 통해 체력과 경쟁심을 기른다. 연령별로 다양한 단체 활동은 리더십과 협동심을 기르는 데 효과 만점이라고. 해변가에서 펼쳐지는 공놀이와 바비큐 파티, 디스코 파티처럼 즐거운 이벤트도 가득하다.

호주에서는 현재 4만 명 이상의 아기 대원이 활동 중이다. 그중에는 성인 과정을 거쳐 자원봉사 해상 인명 구조대원으로 성장하는 경우도 적지 않다고 한다.

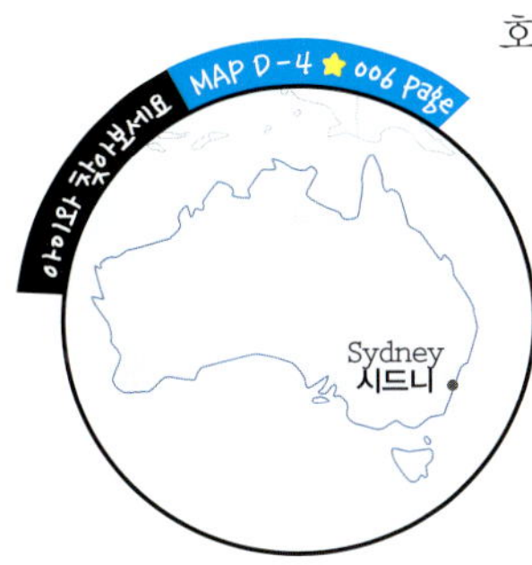

시드니 본다이 비치에서 맹훈련 중인 아기 대원들. 똑같은 수영모와 수영복을 착용하면 어깨에 힘이 들어간다. "바다의 안전은 우리가 책임진다!"

애누는 시드니 시내에서 차로 15분 거리에 있는 라이카트 지역에 산다. 겉으로 보기엔 조용한 주택가지만 '시드니의 이탈리아'로 불리는 이 지역은 맛있는 빵집과 예쁜 카페가 즐비해 애누는 엄마와 함께 자주 산책을 즐긴다. 주방 옆에 딸린 조그만 애누 방은 채광 좋은 뒤뜰로 향하는 문이 달려 있어 언제든 밖으로 나가 뛰어놀 수 있다. 방에서는 요리하는 엄마의 모습도 볼 수 있다. 곧잘 엄마의 요리 조수로 참여한다는 애누는 얼마 전에 혼자서 한 시간이나 들여 만든 야채볶음으로 엄마를 감동시켰다. 애누 방의 가구는 대부분 아빠의 핸드메이드 작품으로, 버려진 나무도 아빠의 손길을 거치면 맞춤 제작 못지않은 근사한 가구로 탈바꿈한다. 새 머리 장식 책장과 재치 넘치는 오브제 등 소박한 나무의 온기와 아빠의 애정이 듬뿍 담긴 가구들이 애누의 방을 더 따뜻하게 한다.

버려진 나무도 예술 작품으로 재탄생
아빠가 직접 꾸민 아담하고 멋스러운 방

협소하고 허름했던 공간이 아빠가 만든 근사한 가구와 소품 덕분에 아늑하고 쾌적한 방으로 변신했다. 침대 위로 사랑스러운 나비가 팔랑팔랑 날아다닌다.

애누 Anu(7세,)
좋아하는 것: 토끼 인형
장래 희망: 그림책 작가

아빠&엄마: 예술가

1 검은 비둘기와 하얀 비둘기가 이야기를 나누는 모양의 조각. 투박하고 정감 넘치는 오브제 역시 아빠가 손수 만든 것.
2 애누가 아기 때부터 동고동락한 토끼 인형.
3 오래된 종이에 아빠가 그림을 그려 넣어 빈티지한 작품으로 완성했다.
4 새침한 공주님 같은 외모의 애누는 알고 보면 장난꾸러기 소녀.

5 책장 위를 장식한 빈티지 소품.

6 방문을 열면 햇살이 가득 들어오는 뒤뜰로 연결된다.

7 마른 장미를 모아 빈티지 소품으로 활용한 센스가 돋보인다.

8 책표지도 인테리어로 활용한다.

9 정말 나비가 날아온 듯한 착각이 들 만큼 정교한 작품.

10 새 모양 선반은 아빠가 오랜 시간 공들인 대작. 맨 아래에는 새 둥지를 만들어 넣었다.

11 책과 게임기를 차곡차곡 수납한 책장은 책을 좋아하는 애누를 위해 만든
   아빠의 작품.

12 애누의 애장품이 들어 있는 보물 상자.

13 C. S. 루이스의 〈나니아 연대기〉를 탐독 중인 애누.

시드니 | **Sydney**

빨간 곱슬머리가 너무나 사랑스러운 메이시의 집은 갤러리를 겸하고 있다. 시드니의 세련된 젊은이들이 모여드는 워털루 지역에 메이지 부모가 갤러리를 오픈한 것. 봉제 공장이던 건물을 대대적으로 개조한 이 집은 2층 전시 공간 한쪽은 아빠의 사무실로, 다른 한쪽은 가정집으로 꾸몄다. 메이지 방은 오픈 키친을 마주한 거실 쪽에 있는데 거실과 천장의 큼지막한 창문으로 눈부신 햇살이 방 안 가득 들어온다. 갤러리의 연장선상에 있는 거실은 높다란 천장 덕분에 가슴이 탁 트일 만큼 시원한 개방감을 선사한다. 집 안 곳곳에 예술 작품이 가득해서 메이지는 어릴 적부터 자연스레 미적 안목을 키워가고 있다. 생일에는 가까운 예술가들이 자신의 작품을 선물한다고. 태어나서 지금까지 받은 선물을 세어보면 여느 아트 컬렉터 부럽지 않은 작품 수를 자랑한다니 그저 부러울 따름이다.

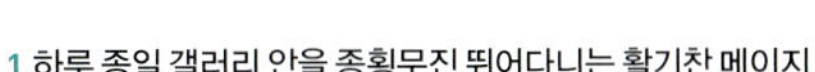

1 하루 종일 갤러리 안을 종횡무진 뛰어다니는 활기찬 메이지.

2 메이지 방 벽면에는 가족사진이 가득 붙어 있다. 벽의 일부에 유리창을 내 안쪽이 보이게 만들었다.

3 독특한 디자인의 창문 위로 갤러리를 대표하는 아티스트의 작품을 장식했다. 문에 매단 그림은 메이지 작품.

달콤한 분홍빛으로 물든 메이지 방도 갤러리 느낌이 물씬 풍긴다. 아직 두 살이지만 혼자 잠을 잔다는 메이지. 근사한 예술 작품에 둘러싸여 있으면 외롭지 않을 듯하다.

4 자동차 장난감도 이 방에서는 예술 작품이 된다.

5 거실 매트에서 뒹굴며 노는 메이지.

6 멜버른에서 구입한 핸드메이드 캥거루 장식. 앙증맞은 표정이 인상적이다.

7 사랑하는 쿠키 몬스터를 안고 있는 메이지. 때때로 청진기를 들이대고 쿠키 몬스터를 진찰하기도 한다.

8 예술 작품으로 둘러싸인 식당. 어릴 적부터 미술관 매너를 익힌 메이지는 책을 읽으면서 얌전히 음식을 기다린다.

9 환경 덕분인지 메이지는 자연스럽게 그림 그리기를 즐기게 되었다고. 그림을 사랑하는 꼬마 예술가.

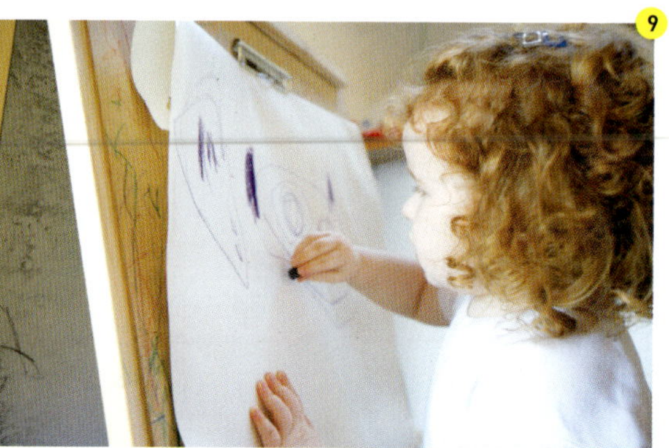

CANADA캐나다

몬트리올 | Montreal

광대한 토지와 천혜의 자연환경을 지닌 캐나다. 덕분에 캐나다 국민은 365일 풍요로운 대자연 속에서 스포츠를 즐긴다. 특히 추운 겨울에 사랑받는 종목은 스케이트. 기온이 영하로 내려가면 강, 연못, 호수가 모조리 스케이트 링크로 변신하고, 자연 속의 스케이팅은 전부 무료다. 따라서 캐나다인은 일부러 스케이트장을 찾을 필요가 없다. 마음 내키면 혼자서라도 스케이트를 꺼내 들고 공원으로 향한다. 3세쯤 되는 아장아장 걷는 아이가 조그만 스케이트를 신고 얼음 위를 날쌔게 미끄러지는 모습도 쉽게 볼 수 있다. 미니 하키 링이 설치된 곳도 많아 캐나다 아이들은 동네 야구 하듯 하키를 즐긴다. 이처럼 일찌감치 스케이트를 배우는 캐나다 아이들은 6~7세 무렵이면 수준급 스케이트 실력을 지니게 된다. 이때부터 남자아이들은 아이스하키에, 여자아이들은 링게트Ringette에 빠져든다. 링게트는 아이스하키와 방식이 비슷하지만, 앞이 구부러진 스틱으로 공을 밀면서 하는 아이스하키와 달리 직선 모양의 길쭉한 스틱을 도넛 모양의 링 사이에 끼워서 날린다. 퀘벡 주에서는 특히 링게트의 인기가 높아 지역마다 팀이 결성되어 있을 정도다. 제법 격렬한 운동이지만 어릴 적부터 링게트를 시작하는 캐나다 소녀들은 얼음 위를 용감하게 돌진하고 몸싸움을 하는 데 거리낌이 없다. 강인한 정신력과 튼튼한 신체를 키워주니 부모들의 만족도도 무척 높다고.

지도에서 찾아보세요 MAP A-7 ★ 006 page

Montreal
몬트리올

1 스케이트는 야외에서 타는 게 일반적이다. 아름다운 경치를 배경으로 스케이트를 즐기는 아이.

2 초등학생들이 즐기는 링게트Ringette 시합.

">

몬트리올 | **Montreal**

몬트리올의 차분한 주택가인 우트레몽 지구. 자매의 방은 언니 마리코 줄리엣이 좋아하는 야생동물을 테마로 꾸몄다. 기린 옷걸이, 토끼 거울을 비롯해 치타, 오리, 뱀, 캥거루 등 귀여운 소녀의 취향치고는 터프한 캐릭터들이 여기저기서 얼굴을 기웃거린다. 붉은빛이 감도는 벽돌 벽에 맞춰 가구는 퀘벡산 원목으로 통일했다. 심플한 라인이 인상적인 2층 침대는 위아래를 분리할 수 있어 나중에 자매가 각방을 쓰게 되면 싱글 침대로 사용할 계획이다. 아직 2세밖에 안 된 여동생 치유키 오세안은 커다란 2층 침대 위 칸에서 혼자서 잠을 자는 의젓한 아기. 아기 침대에서 잘 때는 울타리를 기어올라 탈출한 적도 있는 대담한 성격이라고. 2층 침대에 사다리가 없는 이유는 여동생의 탈출을 막기 위해서란다.

1 부드러운 표정으로 한 곳을 응시하는 치타는 마리코의 역작이다.

2 지인이 이집트에서 사 다 준 낙타 인형은 우렁찬 울음소리를 낸다.

3 수많은 동물 인형은 층층으로 붙인 주머니에 차곡차곡 수납한다.

치유키 오세안
Chiyuki Oceanne(2세,)
좋아하는 것: 고슴도치 아기 인형
장래 희망: 음악가

마리코 줄리엣
Mariko Juilliette(8세,)
좋아하는 것: 자신이 그린 치타 그림
장래 희망: 화가

아빠: 제품 디자이너
엄마: 비즈니스 컨설턴트

4 안락해 보이는 흔들의자는 할아버지가 물려준 것. 서랍장 위는 마리코가 그린 그림으로 장식했다.

5 기린 옷걸이가 귀엽다. 침대 주변은 동물이 가득 모인 사파리 공간.

6 고슴도치 옷을 입은, 다소 기괴한 느낌이 드는 아기 인형.

7 독특한 토끼 모양 거울, 피카소 작품을 방불케 하는 물고기 오브제등 독특한 동물 소품이 많다.

8 높다란 곳에서 자매를 지켜보는 동물 인형은 마리코 줄리엣의 작품들이다.

9 음악을 좋아하는 치유키를 위해 작은 드럼 세트를 마련했다.

10 링게트 팀에 소속된 마리코는 주말마다 유니폼을 입고 시합에 나선다.

11 아날로그 감성이 배어 나오는 묵직한 디자인의 옷장은 자매가 사이좋게 나눠 쓴다.

USA미국

로스앤젤레스 | LA

'움직이는 광고판'인 스타를 내세워 인지도를 높이는 이른바 스타 마케팅은 자본주의 사회에서 자연스러운 흐름 이지만, 미국의 LA만큼 그 경쟁이 치열한 곳도 드물다. 고급 주택가가 즐비한 LA 로스펠리스 지역에 오픈한 라라링(www.lalaling.com) 역시 스타들 덕분에 핫 플레이스로 떠오른 키즈 숍. 가수이자 배우인 리사 롭과 배우 윌리 가슨 등 아이를 둔 할리우드 스타들의 단골 가게로 알려지면서 단번에 명소로 등극했다. 옷, 가구, 장난감 등 아이에 관한 모든 용품을 한 공간에서 쇼핑할 수 있는 이곳은 센스 있고 세심한 서비스로 고객의 마음을 사로잡았다. 시간에 쫓기는 연예인과 부유층을 위해 일대일 맞춤형 쇼핑 가이드를 제공하는 서비스가 바로 그것. 고객의 예산에 맞춰 아이템을 추천하고 화사하게 포장해 배달까지 해주는데, 베이비 샤워(출산을 앞둔 임신부를 위해 여는 파티로 친구들이 선물을 가지고 집에 방문해 함께 식사를 즐긴다)를 앞두고 선물을 고민하는 사람들이 많이 이용한다.

라라링의 창작 교실은 맞벌이나 한 부모 가정이 많은 LA에서 뜨거운 호응을 받고 있다. 두뇌가 유연한 3~6세 아이를 대상으로 한 정서 교육 프로그램으로 전문가를 초청해 음악이나 미술, 외국어 등을 배우며 다양한 체험을 한다. 이 밖에도 키즈 파티와 현장 학습 등 이벤트를 수시로 개최하며 단순한 매장의 개념을 뛰어넘어 아이들을 위한 커뮤니티 역할을 한다.

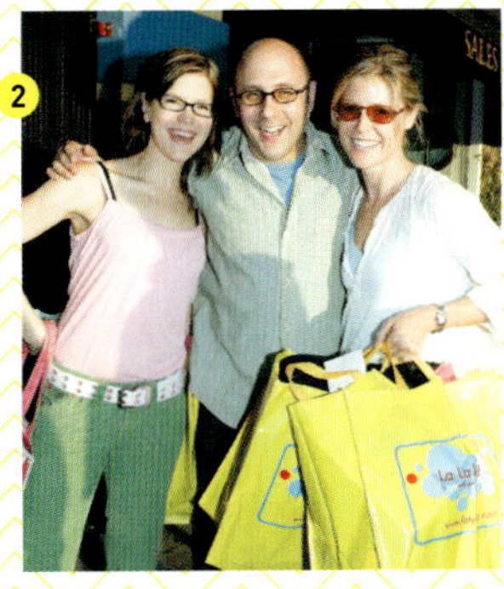

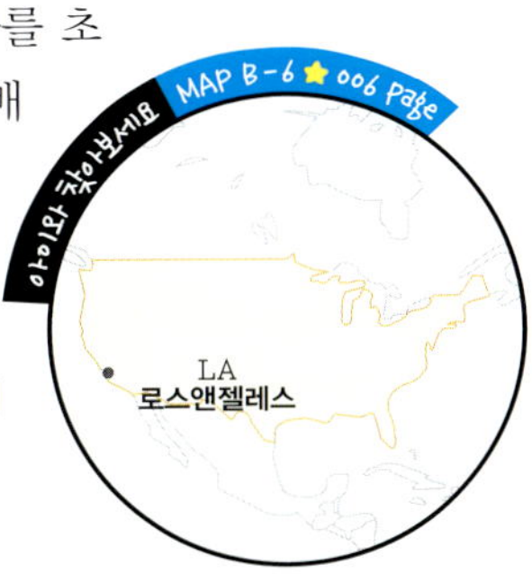

1 빽빽하게 채워진 천장은 아이들을 위한 특별한 장소. 발랄하고 센스 있는 그림으로 장식했다.

2 왼쪽부터 가수 리사 롭, 드라마 〈섹스 앤 더 시티〉에서 주인공 캐리의 친구로 열연한 윌리 가슨, 역시 드라마 〈모던 패밀리〉의 주인공인 줄리 보엔.

3 부모와 아이가 함께 참여해 다양한 활동을 하는 창작 교실.

로스앤젤레스 | LA

1년에 7~8번은 하와이를 찾는다는 부부는 딸에게 '무한한 기쁨'이라는 뜻이 담긴 하와이 이름을 지어 주고 포근하고 활기찬 하와이풍 공간으로 딸의 방을 꾸몄다. 하와이 스타일로 할리우드 스타들에게 인기 높은 피터패터Pitter-Patter 가구와 소품을 센스 있게 배치하고 암체어와 침대 커버, 쿠션, 서핑보드, 발 디딤대 등을 모두 하와이언 꽃무늬로 꾸몄다. 침대 위를 장식한 훌라 걸 그림은 하와이언 스타일의 키 포인트. 로맨틱하고 안락한 리조트 룸을 연상시키는 방에는 언제나 눈부신 태양이 가득 쏟아져 들어온다. 하늘하늘한 레이스 커튼 너머로 하와이의 파도가 넘실대는 듯하다.

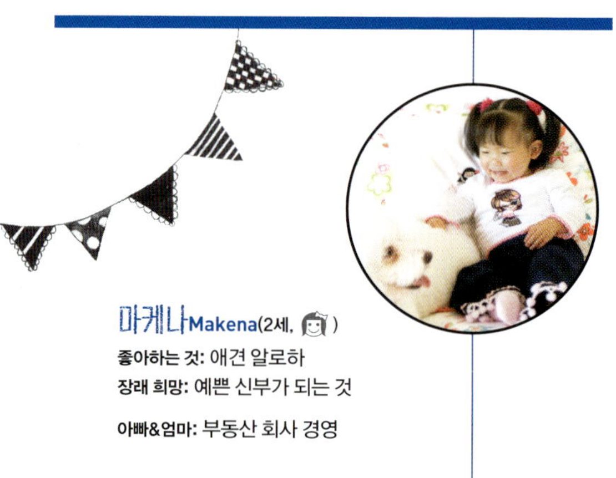

마케나Makena(2세, 여)
좋아하는 것: 애견 알로하
장래 희망: 예쁜 신부가 되는 것
아빠&엄마: 부동산 회사 경영

1

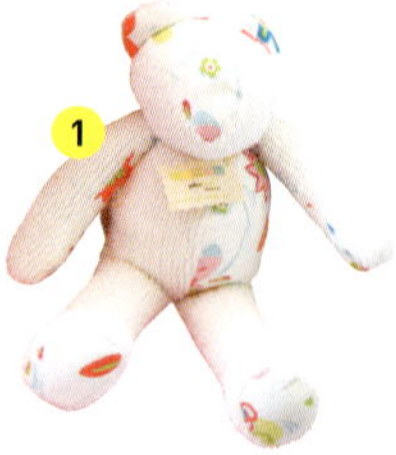

1 따사로운 햇살을 맞으며 여유를 만끽하는 곰 인형.

2 토털 인테리어 브랜드 피터패터(www.pitterpattercollections.com)의 하와이언 시리즈는 특히 아이들에게 인기가 많다.

침대 커버, 암체어, 쿠션과 서핑보드까지
하와이언 꽃무늬로 꾸민 리조트 룸

2

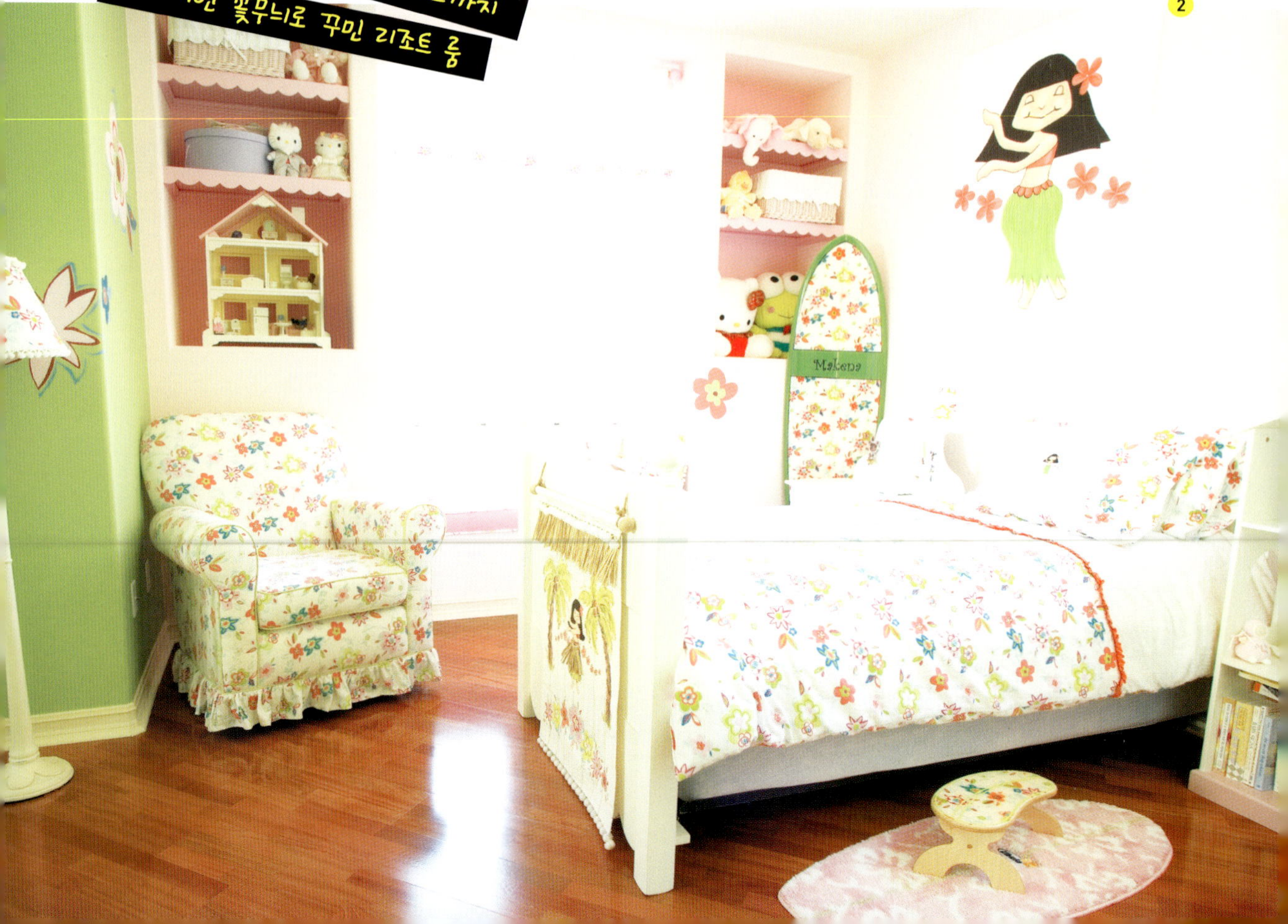

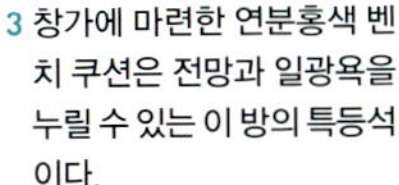

3 창가에 마련한 연분홍색 벤치 쿠션은 전망과 일광욕을 누릴 수 있는 이 방의 특등석이다.

4 귀여운 인형으로 아기자기하게 장식한 선반.

5 연분홍색과 연녹색의 컬러가 방 분위기와 잘 어울리는 인형의 집.

6 우아한 다리가 인상적인 새하얀 미니 화장대.

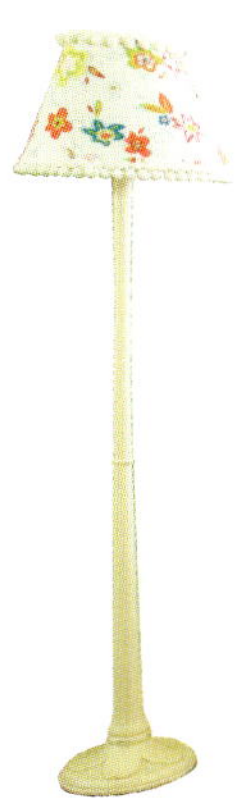

소피아 방은 따뜻한 색감으로 잘 정리된 귀여운 공주님 스타일이다. 침대에는 마음에 드는 인형을 옹기종기 모아두고, 정교한 주방 놀이 세트와 공주님 성이 한자리를 차지하고 있다. 바로 옆에 있는 남동생 알렉산더의 방은 차분한 녹색으로 꾸미고 청량한 푸른색 계열의 큼지막한 소파를 놓았다. 아이들이 위에서 마음껏 뛰어놀 수 있도록 어른도 사용할 수 있는 넉넉한 크기의 소파를 마련한 것. 색감 차이로 남매의 방을 구분했지만 비슷한 인테리어로 통일감을 살렸다. 인테리어 브랜드 아쿠아비타 디자인(www.aquavitaedesign.com)에서 구입한 가구와 아이템을 남매 방에 각각 배치하고 벽에도 비슷한 느낌의 그림을 걸었다. 덕분에 비슷한 느낌 안에서 서로 다른 개성을 뽐내는 세련된 공간으로 탄생했다.

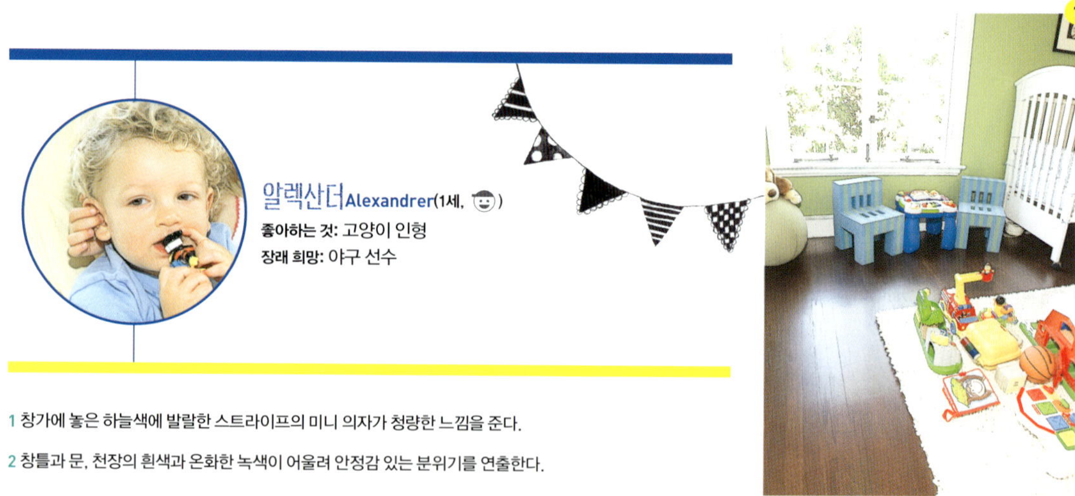

1 창가에 놓은 하늘색에 발랄한 스트라이프의 미니 의자가 청량한 느낌을 준다.

2 창틀과 문, 천장의 흰색과 온화한 녹색이 어울려 안정감 있는 분위기를 연출한다.

소피아 Sophia(3세,)
좋아하는 것: 공주님 성
장래 희망: 발레리나

아빠: 영화감독
엄마: 영화 프로듀서

3 남매 방에 똑같이 창가에 작은 의자를 배치했다.

4 미니 사이즈 벽걸이 선반을 달아 소피아가 스스로 아기자기하게 꾸밀 수 있도록 했다.

5 캘리포니아의 밝고 화창한 날씨에 어울리는 오렌지 컬러로 꾸민 소피아의 방.

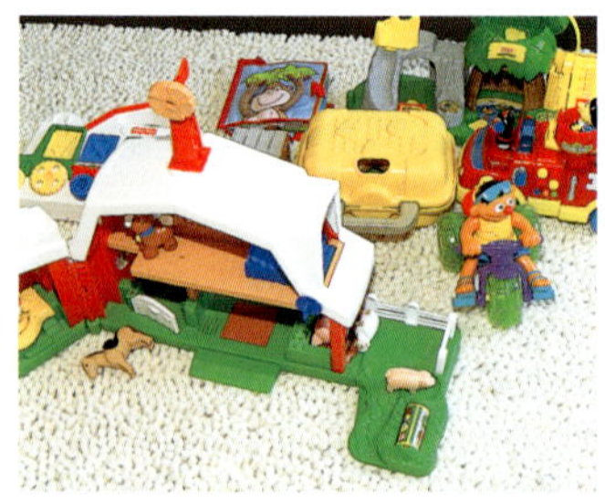

6 기저귀 가는 공간도 발랄하다.

7 높은 계단이 웅장함을 더하는 인
형의 집과 디즈니 공주들.

8 이니셜 기차 뒤의 소품도 아이들
이 취향대로 놓았다.

9 알렉산더의 이름은 원색 계열로
경쾌하게.

10 소피아의 이름은 파스텔컬러로
귀엽게.

USA 미국

 **나바호 자치국** | **Navajo Nation**

북아메리카에는 약 300개 종족에 달하는 인디언족이 거주한다. 서양인이 미국 땅에 발을 들여놓기 훨씬 전, 그러니까 빙하기 말기부터 이 대륙에 살고 있던 그들은 백인들의 탄압과 회유 속에서도 독자적인 언어와 생활 방식, 문화를 지켜왔다. 미국 남서부에는 약 18만 명의 나바호족이 살고 있는데, 남한 면적의 3분의 2에 달하는 광대한 나바호 자치국에는 태고의 지층을 고스란히 간직한 거대한 절벽과 풍화된 바위산이 장관을 이룬다. 나바호 사람들은 불그스름한 갈색으로 퇴색한 대지를 '머더 어스mother earth', 끝없이 펼쳐진 투명하고 푸른 하늘을 '파더 스카이father sky'라고 부른다. 그리고 아침저녁으로 옥수수 가루나 꽃가루를 뿌리며 감사 의식을 올린다.

그들은 초등학교 4, 5학년이 되면 대자연에 대한 공부를 시작한다. 농업을 가르치는 선생님과 아이들을 태운 학교 버스가 광활한 대지 위의 사막을 달리고 또 달려 깊은 산골짜기에 도착하면 선생님은 아이들에게 메마른 바위 사이에 얼굴을 내민 선인장 하나하나, 짧은 우기에만 물이 흐르는 계곡 아래의 물줄기 자국 등을 돌아보면서 환경과 종족의 정체성에 대해 알려준다.

"우리는 미국인인가 인디언인가, 아니면 나바호족인가?"라고 물으면 나바호의 아이들은 주저 없이 '나바호족'이라고 대답한다. "우리는 인디언도 미국인도 아닌, 나바호족이다. 나바호족은 이 땅에서 나는 것을 먹을 수 있어야 한다. 나바호의 대지에 어떤 식물이 자라는지, 어느 식물이 어떤 병을 낫게 하는 약초인지 알아야 비로소 나바호족이 된다."

어른들은 자신들만의 삶의 방식을 가르치며 아이들이 나바호족이라는 사실에 자부심을 가지고 다른 민족과 어울리며 평화롭게 살기를 바란다.

MAP B-6 ★ 006 Page

• Navajo Nation
나바호 자치국

1 어릴 때부터 종족의 정체성을 배워가는 나바호족 아이들.

2 야외 수업 모습. 선생님이 약초에 대해 설명하고 있다.

3 나바호에는 주립·사립·자치 학교가 있는데 리틀 싱어Little Singer 학교는 자치 학교로 오래전 마을 추장이었던 리틀 싱어가 아이들 교육을 위해 기부한 토지에 지었다. 나바호 전통을 소중히 여기는 열정적인 교사가 많다.

나바호족은 '호건hogan'이라는 4~9개의 벽으로 둘러싸인 통나무집에 산다. 우산을 활짝 편 모양의 천장은 아버지를 의미하는 하늘, 땅바닥은 어머니를 의미하는 대지를 상징한다. 집 안 중앙에는 태양을 상징하는 난로 위로 굴뚝을 내고 출입구는 태양이 떠오르는 동쪽에 둔다. 이처럼 호건은 자연을 숭배하는 나바호족의 세계관을 고스란히 드러낸다. 요즘은 호건에서 사는 나바호족이 많이 줄었지만 나바호의 전통을 계승하고자 하는 줄리안의 아빠는 콘크리트 벽돌로 큼지막한 호건을 지었다. 줄리안은 부모가 돌아올 때까지 하루 종일 동생들을 돌보다가 해가 기울기 시작하면 적막이 깔리는 붉은 대지 위에서 플루트를 분다. 청아하고 아름다운 음색이 붉게 물들어가는 하늘 아래서 신비롭게 울려 퍼진다.

줄리안Julian(11세,)
좋아하는 것: 플루트
장래 희망: 교사

아빠&엄마: 교사

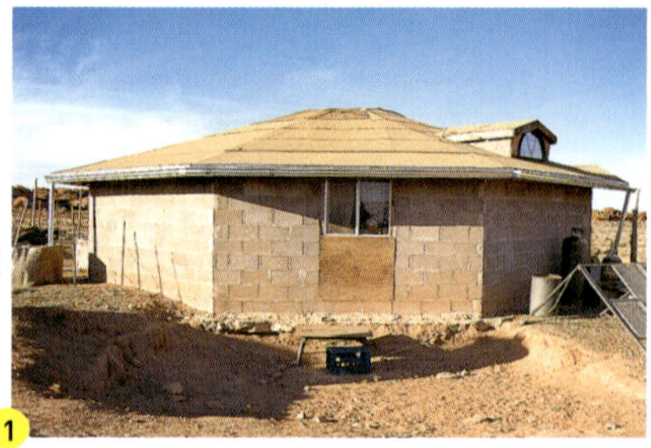

**나바호족의 전통 주거 공간, 호건
주변으로 펼쳐진 드넓은 들판이 아이들의 정원**

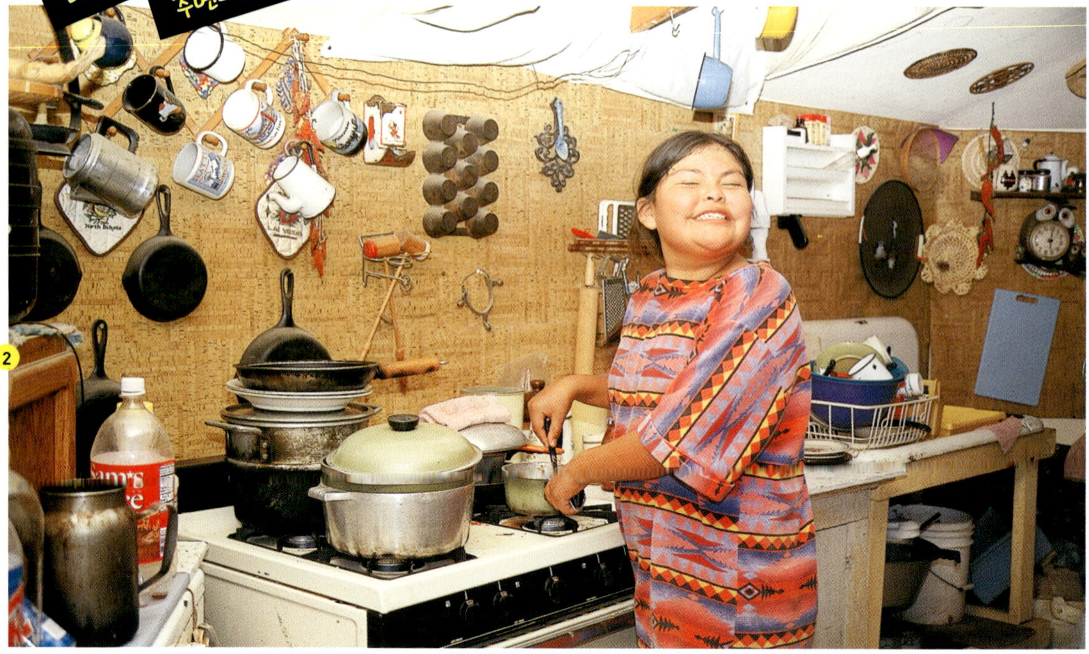

1

2

1 나바호족의 전통 가옥인 호건은 원래 통나무로 지은 조그만 집이지만, 줄리안의 아빠는 콘크리트로 튼튼하고 큼지막한 호건을 지었다.
2 집 안 한쪽에 위치한 주방. 부모님이 안 계실 때는 줄리안이 동생들을 돌본다. 긴 머리는 나바호족의 전통이다.

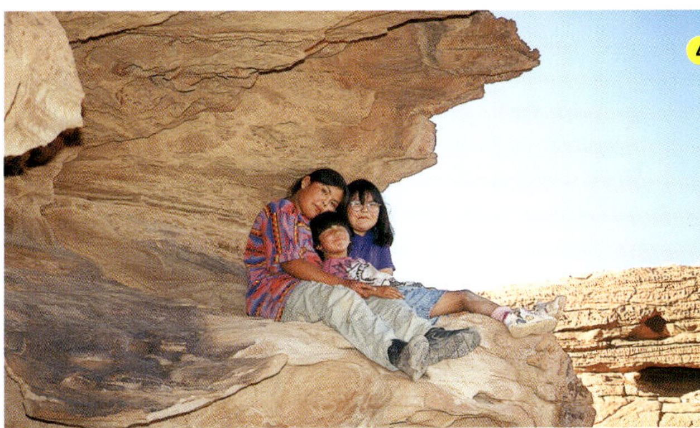

3 2층 침대 위 칸은 줄리안의 공간. 친구들과 친척들에게 받은 카드와 엽서로 장식했다.

4 니비호 이이들에게 광대한 대지와 거대한 암석은 엄마 품처럼 따뜻하게 느껴진다.

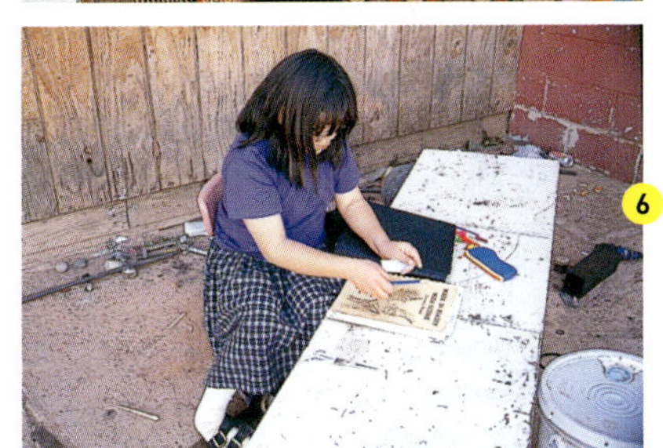

5 벽과 천장에는 할머니가 직접 짠 러그를 걸었다. 나바호의 대지에서 자란 양과 염소 털로 만들었다.

6 아이들은 숙제도, 그림 그리기도, 낮잠도 모두 자연 속에서 해결한다.

7 특이하게 쌓아놓은 장작더미 옆에서 플루트를 부는 줄리안. 한 폭의 그림 같다.

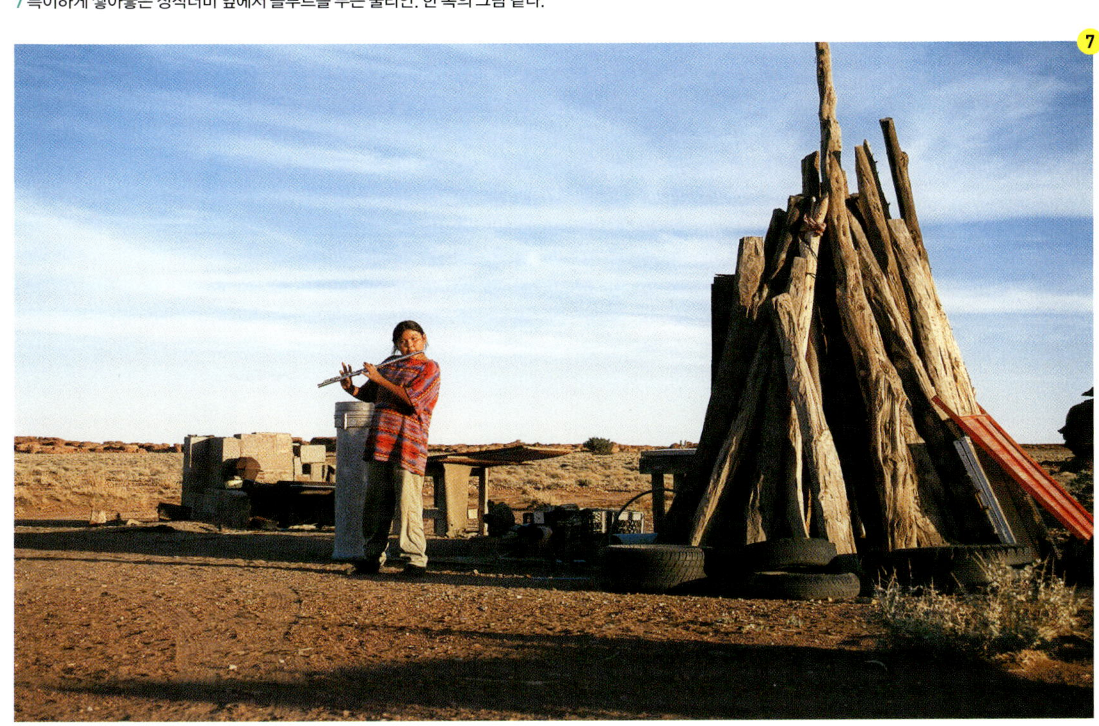

나바호 자치국 | Navajo Nation

해돋이와 함께 울어대는 오리와 칠면조 소리로 대가족의 막둥이 트래비스의 하루가 시작된다. 증조 외할머니, 증조 외할아버지, 외할머니, 아빠, 엄마, 숙부, 두 명의 누나, 형, 그리고 트래비스까지 모두 10명이 나란히 붙어 있는 3채의 집에 살고 있다. 가족이 돌보는 동물은 무려 말 6마리, 양과 염소 70마리, 칠면조 1마리, 소 40마리, 오리 8마리, 개 12마리로 조그만 동물원을 방불케 한다. 동물을 좋아하는 트래비스는 아침에 눈을 뜨자마자 새끼 염소, 새끼 양, 칠면조를 쫓아 다닌다. 나바호족은 모계사회. 거대한 면적의 토지는 증조 외할머니가 외할머니에게, 그리고 엄마에게 물려준 것이다. 대지를 종횡무진 휘젓고 다니던 트래비스는 날이 저물 무렵이 되어야 집 안으로 들어온다. 매일 신나게 뛰어노는 탓에 저녁을 먹고 나면 곧장 골아 떨어진다.

트래비스Travis(3세,)
좋아하는 것: 승마, 밧줄 던지기
장래 희망: 카우보이

아빠: 장신구 판매상
엄마: 장신구 디자이너

1 비 오는 날은 집 안에서 보낸다. 누나가 잘라준 잡지 사진을 색종이 위에 붙이면서 노는 트래비스.

2 외할머니는 산에서 캐 온 약초를 돌로 빻아 가루를 만든다.

3 벽에 걸어둔 러그에는 친척들 사진과 가족사진을 오밀조밀 붙이고 성조기에는 나바호족 전통 의상에 매는 벨트와 아이들 사진을 붙여 장식했다.

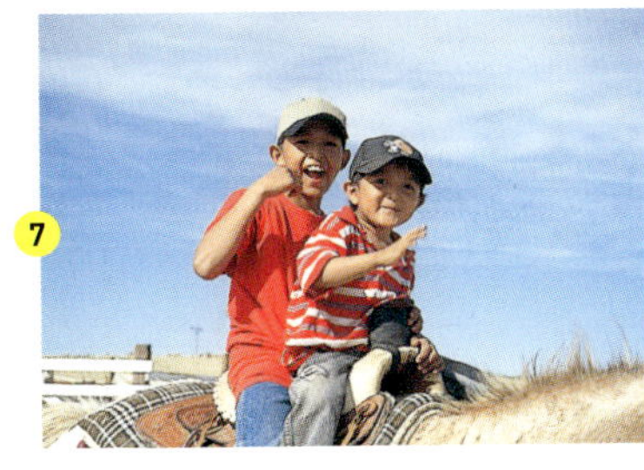

5 트래비스의 집에서는 지평선이 한눈에 보인다. 말 그대로 자연과 함께하는 삶이다.

6 증조 외할머니가 결혼할 때 지었다는 호건. 명절이면 모든 친척들이 모여 건강과 행복을 기원하는 전통 의식을 치른다.

7 형과 함께 승마를 즐기는 트래비스. 친구들이 멀리 살아서 대부분의 시간을 둘이 보낸다.

8 밤에는 기온이 많이 내려가므로 장작 난로는 필수. 외관은 허름해 보이지만 기능은 나무랄 데 없다.

9 카우보이를 꿈꾸는 트래비스. 몇 번이고 말뚝을 향해 밧줄 던지는 연습을 반복한다.

10 놀다가 지치면 트럭 뒤 칸에 훌쩍 올라가 강아지와 늘어지게 낮잠을 잔다.

11 용수철을 단 드럼통 위에서 말 타기 훈련을 하는 트래비스.

12 특별한 날이면 친척이 모두 모여 양이나 염소를 잡아먹는다. 트래비스가 들고 있는 것은 그때 잡은 동물 뿔.

13 염소를 쫓아다니며 장난치는 트래비스. 다양한 동물 친구들이 함께 지낸다.

USA미국

뉴욕 | New York

빈부 격차가 극심한 도시 뉴욕. 뉴욕에서도 땅값이 비싼 지역으로 손꼽히는 맨해튼에서는 고소득 가족을 겨냥한 호화판 키즈 산업이 성업을 이루고 있다.

고급 주택지가 가득한 어퍼이스트의 키즈 미용실에서는 헤어 서비스 외에 아이들 장난감과 소품 판매와 갖가지 키즈 파티 등으로 지갑 사정이 여유로운 부모들의 마음을 사로잡는다. 스타일리스트가 머리와 화장에 매니큐어까지 칠해주는 파티는 아이들의 폭발적인 반응을 얻었고, 자신이 아끼는 인형과 똑같은 스타일로 만들어주는 파티는 할리우드 스타들에게도 호평을 받아 인기가 많다.

첼시 갤러리 거리에 있는 와일드 릴리 티 룸Wild lily Tea Room에서는 매년 핼러윈 데이에 열리는 아이들의 티 파티가 화제다. 이곳에서 사용하는 식기나 잔은 전부 화려하고 값비싼 앤티크 제품.

다운타운의 트라이베카에는 키즈 전용 인테리어 회사 벨라 젠더Bella Zander가 문을 열었다. 디자이너가 마음껏 감각을 발휘해 칸막이가 없고 천장이 높은 이 건물을 세련되고 독창적인 아이들의 천국으로 변신시켰다. 아이들이 새로운 소비 계층으로 떠오르면서 이들을 유혹하는 마케팅도 갈수록 호사스러워지고 있다.

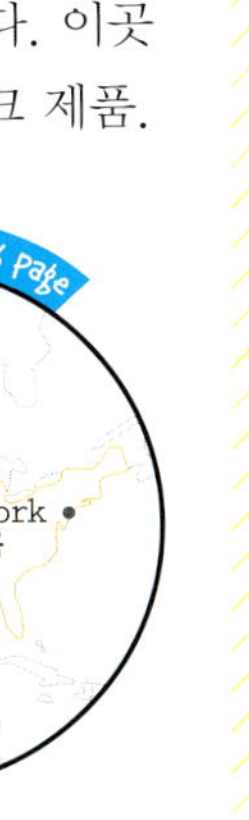

1 네일 서비스를 받는 아이.

2 미용실 의자가 벤츠, 지프나 포르쉐 등 모두 명품 자동차들이다. 머리를 만지는 중에는 아이가 좋아하는 애니메이션을 보여주거나 게임기를 제공하는 등 꼬마 고객이 지루하지 않도록 세심하게 배려한다.

3 미용실에서 개발한 헤어 케어 제품은 전부 아동용.

4 키즈 미용실의 활기찬 분위기가 밖에서도 느껴진다.

세계적 건축가 알바 알토의 암체어, 스틸 우드 선반 등 시크하고 모던한 가구와 활기찬 소품이 근사하게 어우러진 잭의 방. 입구 주변은 말끔하게 정리하고 아이 물건을 창가 쪽으로 배치해 길쭉한 공간을 효과적으로 활용했다. 슈퍼 히어로를 동경하는 잭의 집은 현대 미술가들이 다수 거주하는 그리니치 빌리지에 위치하고 있다. 엄마는 사진작가, 아빠는 비디오 설치미술가로 활동하는 덕분에 잭은 사진 찍는 포즈도 능숙하고 각종 미디어를 자유자재로 다루며 어려운 현대미술품에도 거부감이 없다. 잭에게 자신의 방은 무한한 상상력을 펼치는 스튜디오다.

작은 인형들을 옹기종기 모아둔 벽걸이 선반.

잭Jack(3세, ☺)
좋아하는 것: 슈퍼맨
장래 희망: 슈퍼 히어로

아빠: 예술가
엄마: 사진작가

1 핀란드 출신의 세계적 건축가 알바 알토의 암체어. 깜찍하고 모던한 빨간색이 방에 활기를 불어넣는다. 창가에 늠름하게 서 있는 슈퍼맨, 감각적인 쿠션과도 잘 어울린다.

2 비틀스 피규어 등 시크한 장난감이 가득하다.

3

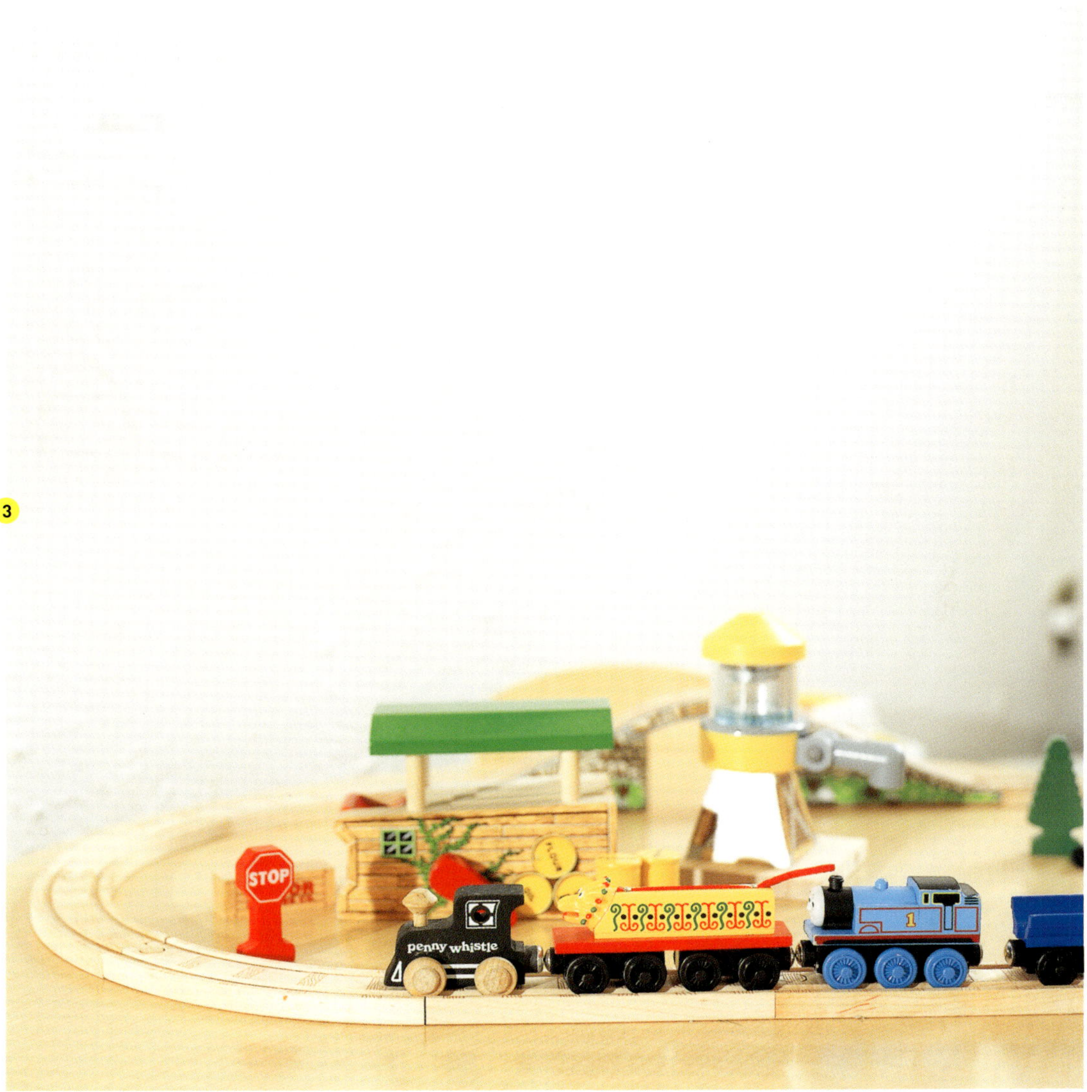

3 테이블 위에 놓인 기차놀이 세트.

4 기차놀이 세트 뒤로는 엄마의 사진 작품을 모아 장식했다.

4

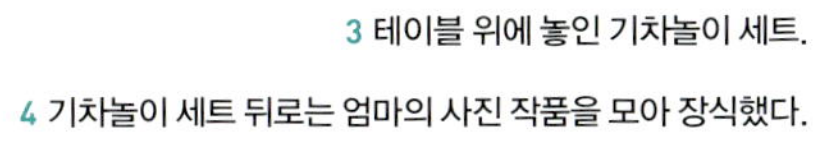

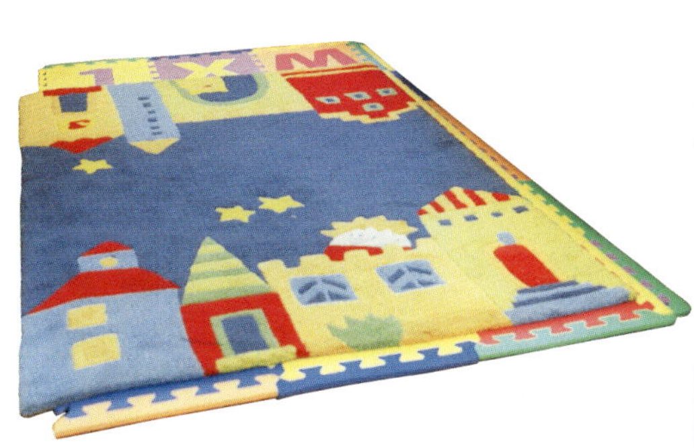

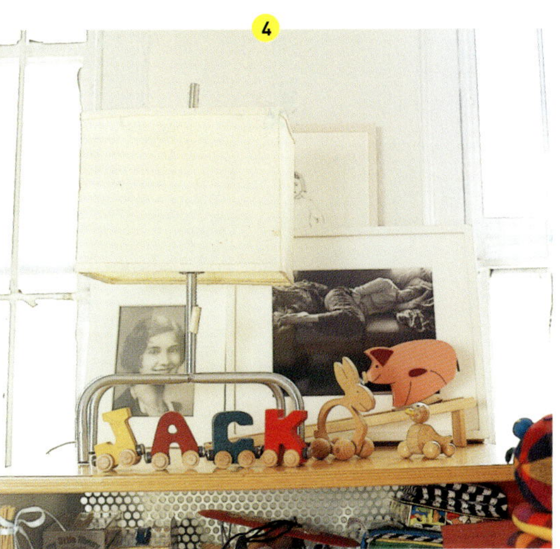

아이를 위한 부티크 호텔이 있다면 이런 느낌이 아닐까? 쌍둥이 남매 줄리아와 맥스의 방은 2개의 침대 위로 거대한 잉어가 부유하는 개성 만점의 공간이다. 일본에서 가판대 깃발로 사용하는 물고기 소품을 그래픽 디자이너인 부부가 모던한 예술품으로 재탄생시켰다. 더불어 넉넉한 크기의 소파와 주방, 욕실까지, 그야말로 어른이 지내기에도 불편함이 없는 안락한 레지던스 호텔 방 같다. 남자아이와 여자아이에게 모두 어울리도록 달콤함과 활발함 사이에서 균형을 이루는데 중점을 두었다. "코디는 어렵지 않지만 그것을 어떻게 유지하느냐가 관건"이라는 엄마는 아이들이 커가면서 눈덩이처럼 불어나는 물건들을 깔끔하게 정리 정돈하는 일이 앞으로의 과제라고 생각하고 있다.

아기였을 때의
줄리아와 맥스

줄리아Julia(5세,)
좋아하는 것: 만화 캐릭터 도라
장래 희망: 화가

맥스Max(5세,)
좋아하는 것: 파워 레인저
장래 희망: 파일럿

아빠&엄마: 그래픽 디자이너

1 일본의 가판대에서 펄럭이던 잉어 깃발이 대담한 예술 작품이 되었다. 침대 사이 의자에 놓인 키키 스미스Kiki Smith 인형은 스커트를 뒤집으면 올빼미로 변신한다.

2 아이들이 좋아하는 누더기 앤과 앤디Raggedy Ann & Andy(미국 그림 동화책에 나오는 남녀 주인공—역주) 인형.

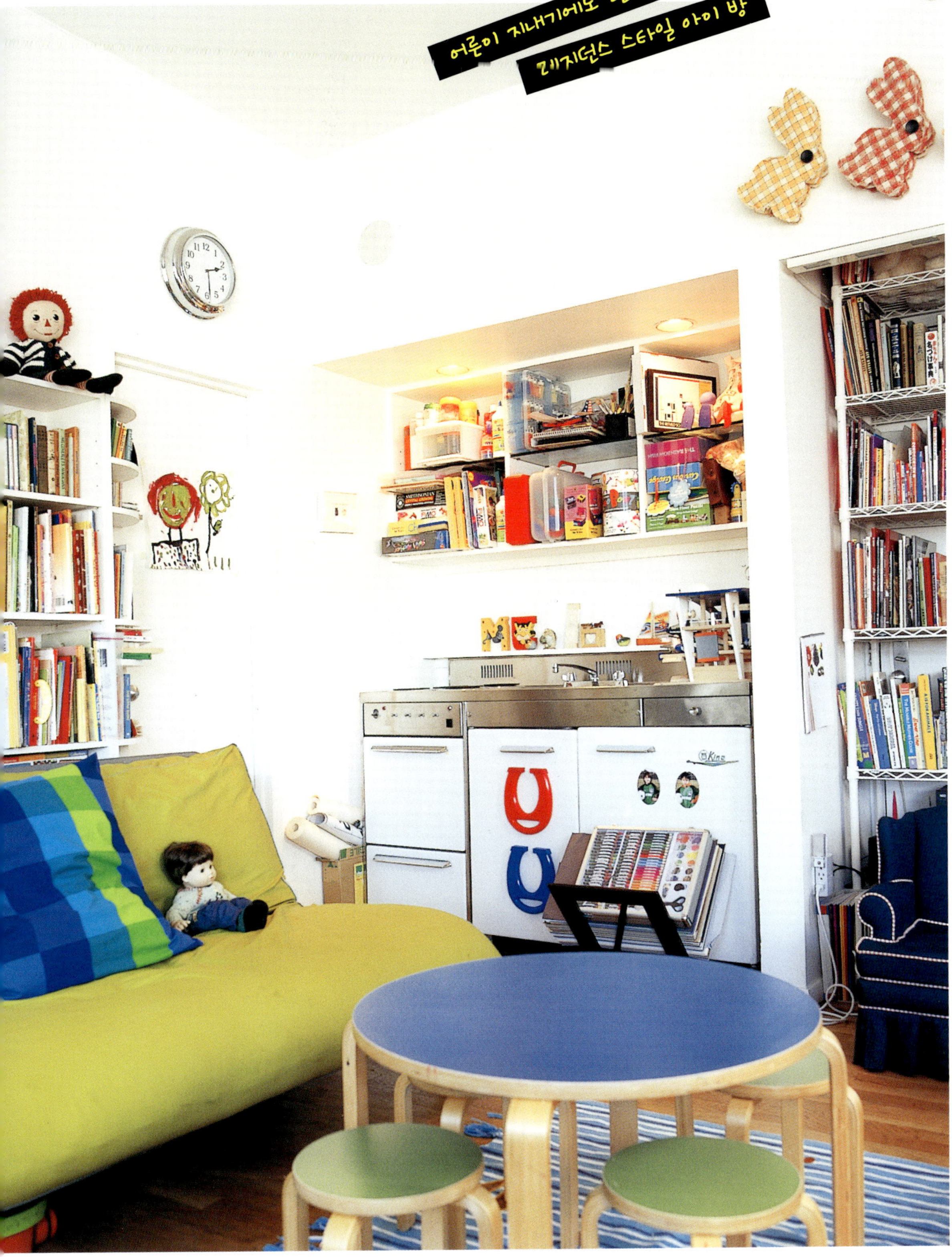

욕실과 거실, 주방을 갖춘 아이들의 방. 소파와 쿠션, 침대 커버의 밝은 색감이 공간에 생동감을 부여한다.

3 아기자기하고 세련된 동물 컬렉션.

4 줄리아가 몹시 아끼는 아기 인형과 앙증맞은 미니 사이즈 드레스를 걸어둔 드레스 룸.

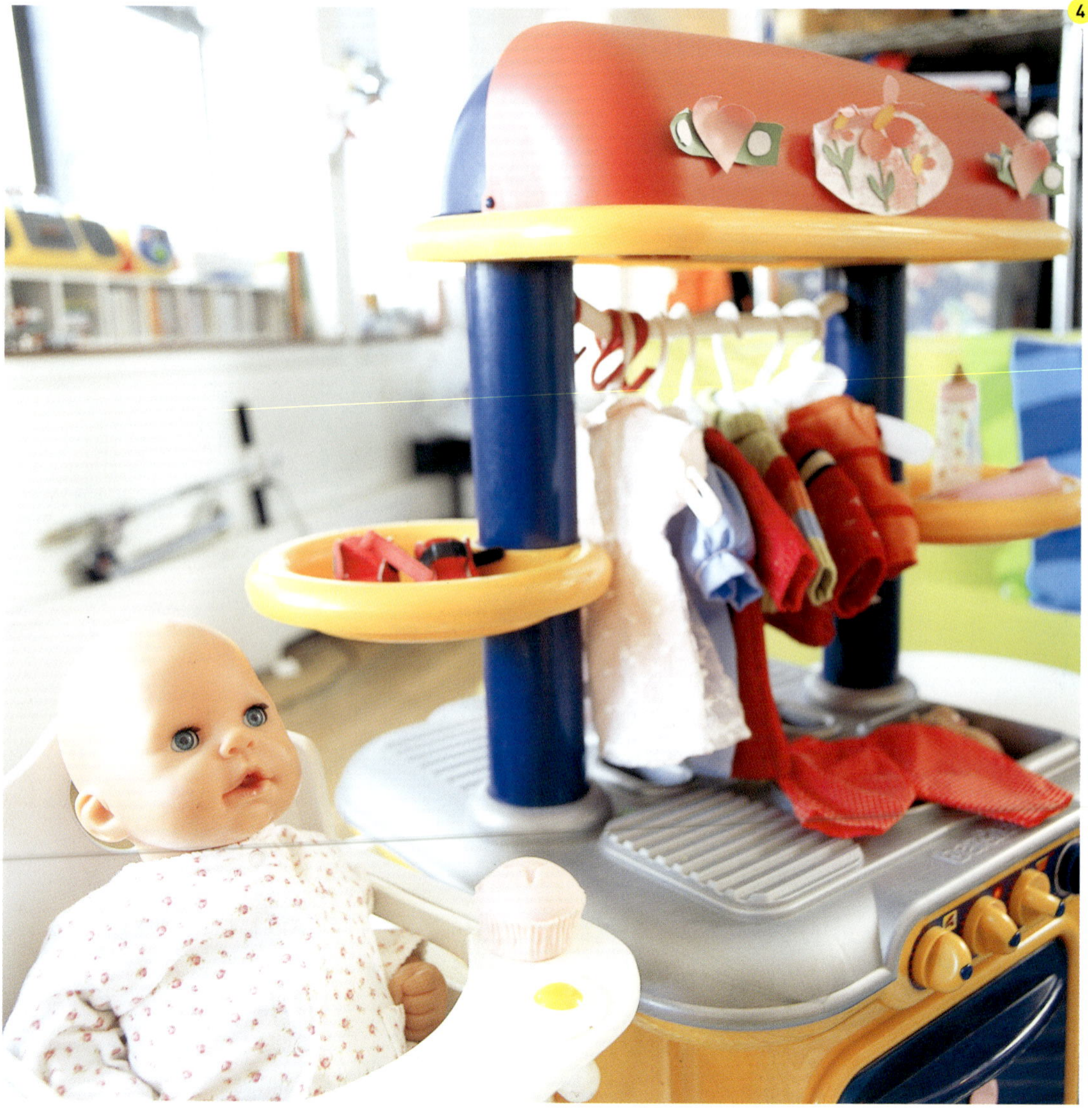

MEXICO
멕시코

칸쿤 | Cancún

멕시코에서 1년 중 가장 큰 가족 행사가 열리는 때는 크리스마스와 12월 31일이다. 12월 초부터 흥겨운 분위기로 온 나라가 떠들썩해지고 각지에서 모여드는 가족들의 모임 장소를 예약하기 위한 경쟁이 치열해진다. 골프장을 통째로 빌리는 일도 드물지 않을 정도. 그도 그럴 것이 대가족이 많은 멕시코에서는 친척까지 한꺼번에 모이면 형제자매만 10명 이상, 여기에 남편과 아내, 자식까지 데려오면 40~50명은 족히 넘기 때문이다. 멕시코는 국민의 90%가 가톨릭 신자로 크리스마스에는 교회 미사에 참석해 경건한 밤을 보내고 12월 31일에는 모두 모여 왁자지껄하게 즐기면서 새로운 한 해를 맞이한다. 멕시코인은 가족을 소중히 여기기로 유명한데 특별한 일이 없으면 일요일에 다른 약속을 잡지 않을 정도다. 조부모가 있는 가정에서는 일요일이면 자식과 손자들이 조부모 집이나 레스토랑에 모여 점심을 함께 한다. 스포츠를 즐기는 가족은 경기장을 찾거나 텔레비전 앞에서 축구나 투우 등을 시청하고, 해안가에 사는 가족은 해양 스포츠를 즐기며 사랑을 다진다.

맞벌이 가구가 많은 멕시코에서는 평일에는 일하고 금요일 밤과 토요일은 비즈니스 접대나 부부 동반 모임을 하는 일이 많다. 따라서 일요일만큼은 온 가족이 모여 오붓한 시간을 보내려고 한다. 덕분에 혈연을 중시하는 멕시코 문화가 오랫동안 유지되어왔다.

아이와 함께 가보세요 MAP B-7 ★ 006 Page

Cancún
칸쿤

친척들이 한꺼번에 모이면 50명은 족히 넘는 일도 적지 않다. 장소를 물색하고 메뉴를 정하는 것도 보통 일이 아니지만 아이들은 마냥 즐겁기만 하다.

해양 스포츠를 즐기는 멕시코의 아빠들은 일요일이면 아이들을 데리고 바다로 향한다. 가족 행사가 열리는 연말이면 할아버지와 할머니, 가까운 친척들이 모두 모여 함께 시간을 보낸다.

휴양지로 유명한 칸쿤에 사는 사이좋은 세 남매. 휴일이 되면 아빠와 함께 크루저를 타고 가까운 섬에 가서 제트스키나 스킨다이빙, 낚시를 즐긴다. 승마를 배우는 큰언니 타니마라는 최근 말을 선물 받아 하루라도 승마장에 가지 않으면 몸이 근질근질하다. 여동생 니콜은 얼마 전부터 공주님 놀이에 푹 빠졌다. 엄마는 아이들을 위해 부부 침실에 딸린 널찍한 테라스에 창문과 지붕을 달아 놀이방으로 개조했다. 불필요한 물건을 놓아두는 방치된 공간이었던 테라스가 엄마의 손길을 거쳐 아이들이 좋아하는 물건으로 가득한 파라다이스로 변신했다. 아이들이 노는 것을 가까이에서 지켜볼 수 있는 점도 안심이 된다고. 부모의 사랑을 듬뿍 받으며 자라나는 아이들 답게 세 남매 모두 밝고 명랑하다.

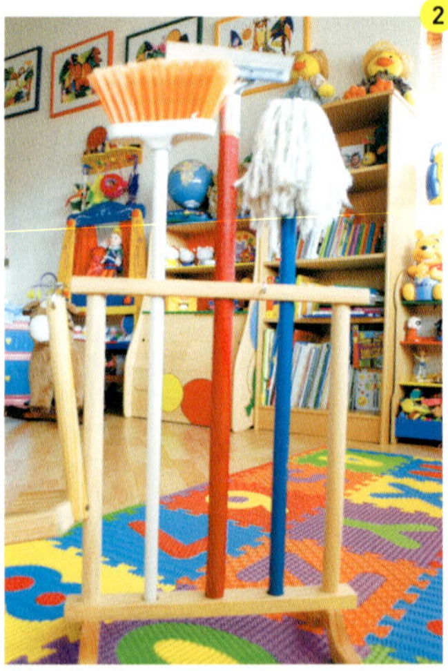

1 어마어마한 장난감으로 가득 채워진 놀이방.

2 청소 놀이를 좋아하는 니콜을 위해 엄마가 마련해준 전용 빗자루와 자루걸레.
  청소 놀이를 하다가 마루를 온통 물바다로 만든 적이 있어 양동이는 숨겨두었다.

3 드레스를 입은 채 놀이방 매트 위에 엎드려 그림을 그리는 타니마라와 니콜.

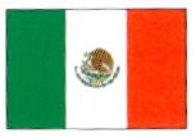

4

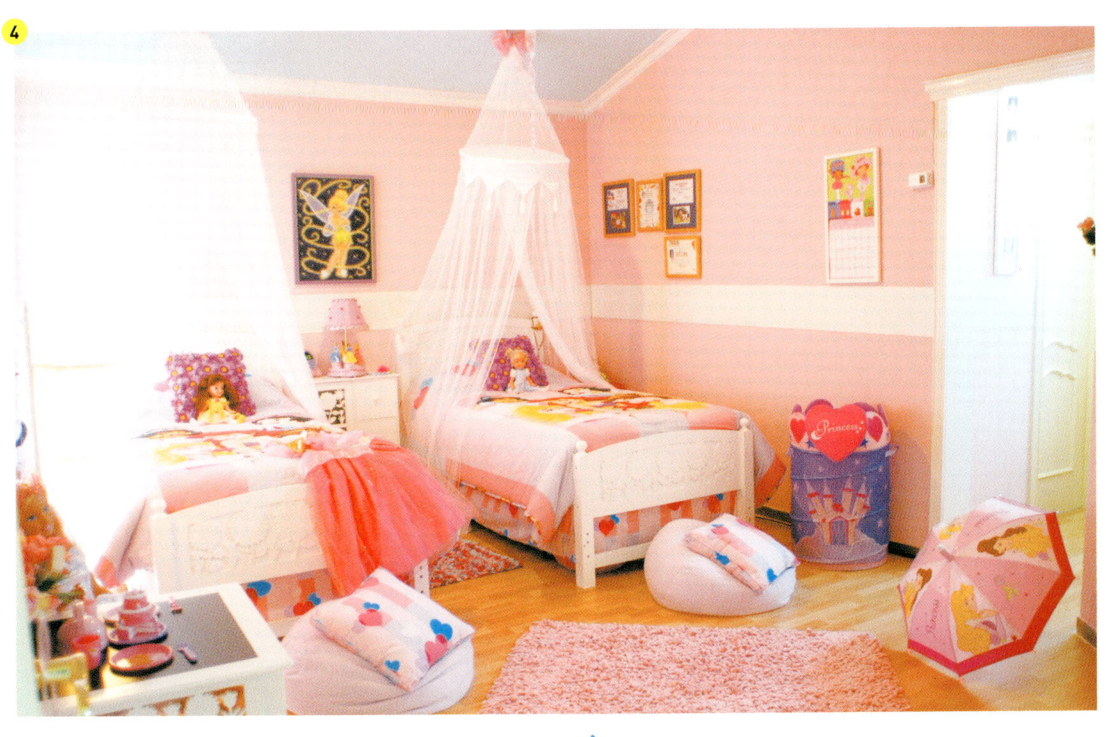

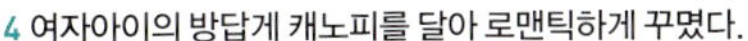

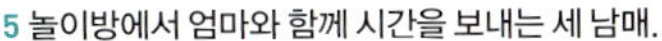

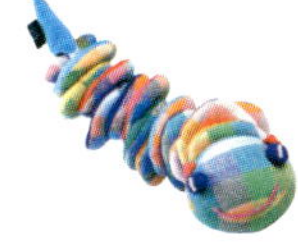

4 여자아이의 방답게 캐노피를 달아 로맨틱하게 꾸몄다.

5 놀이방에서 엄마와 함께 시간을 보내는 세 남매.

5
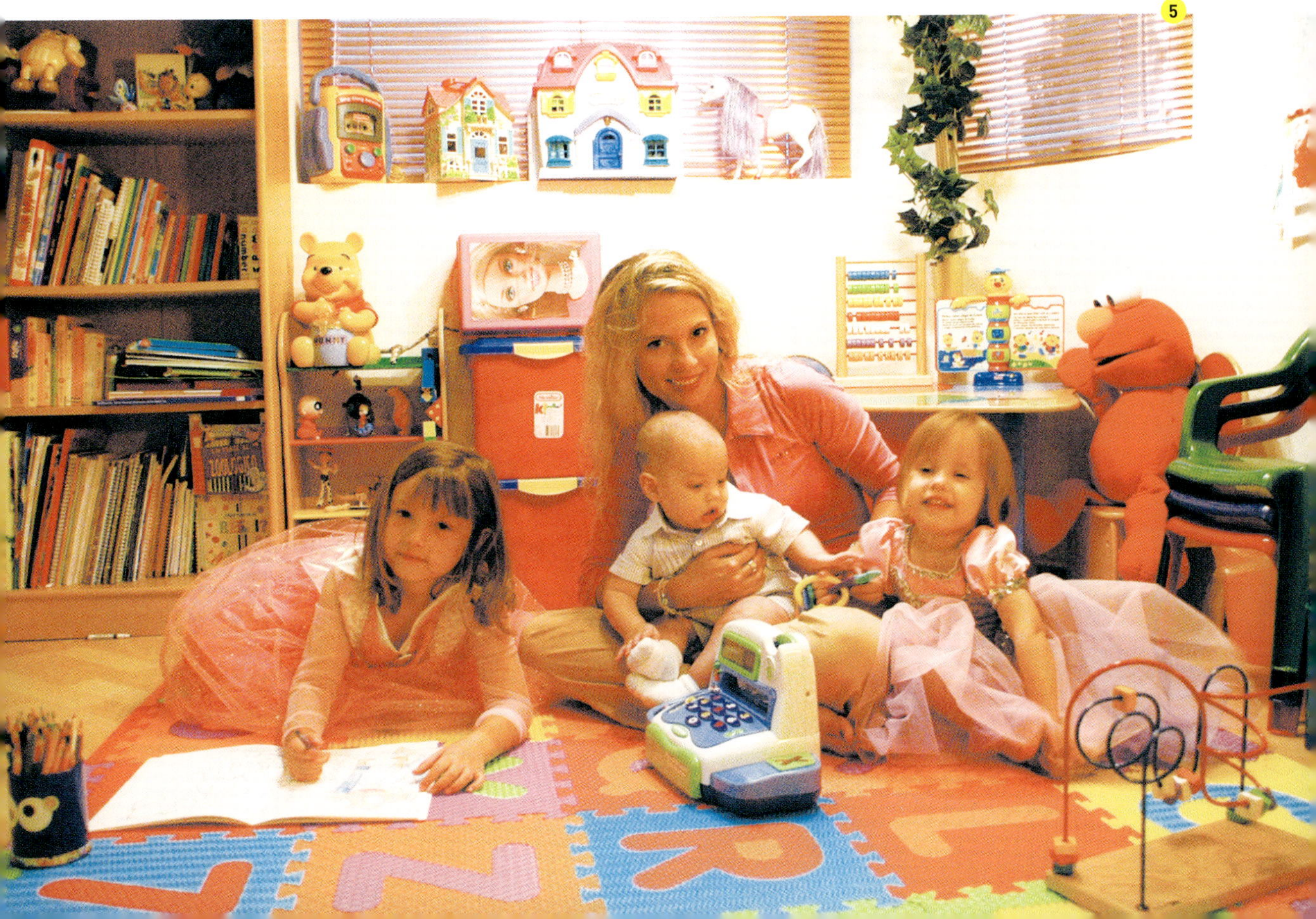

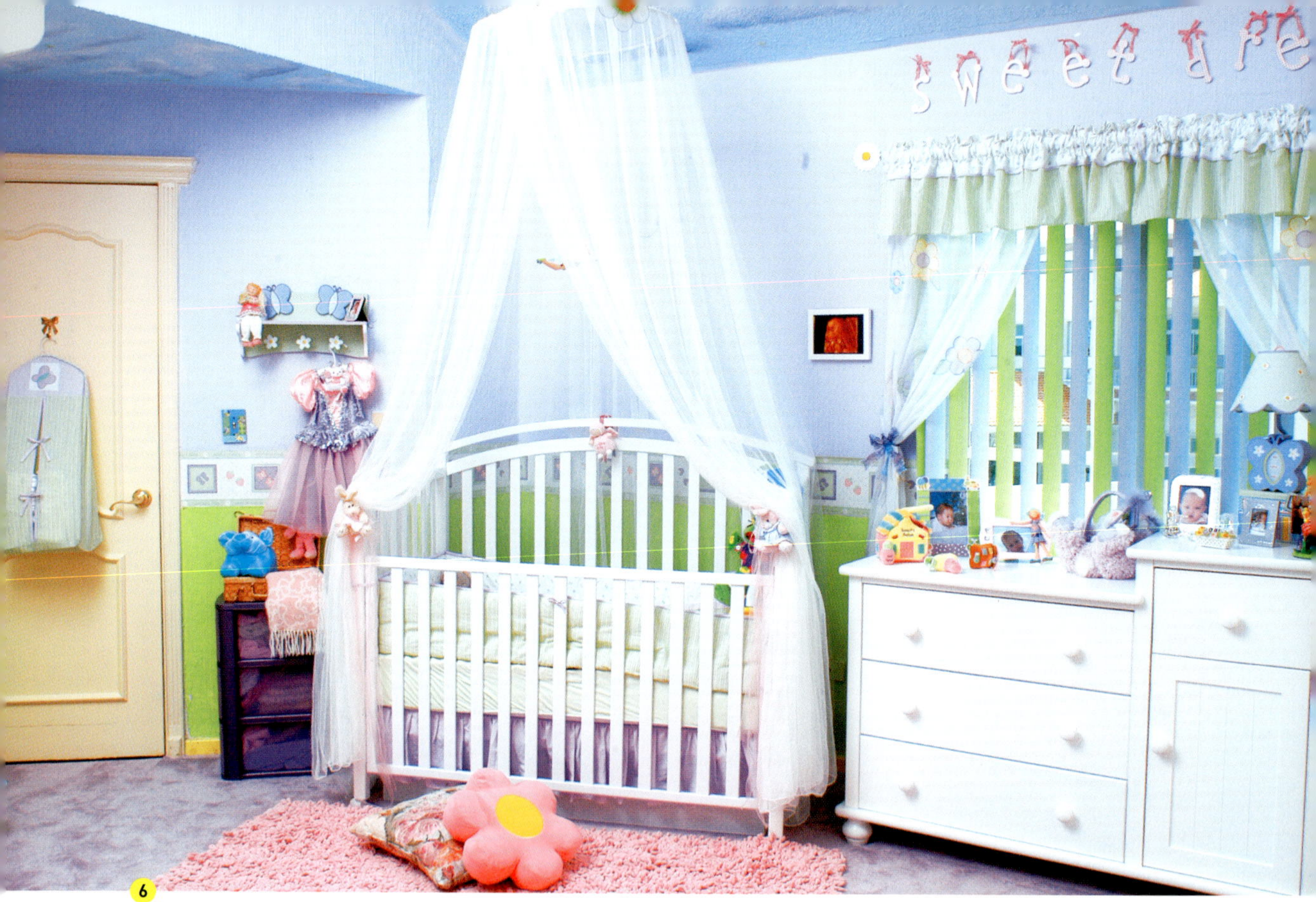

6

7

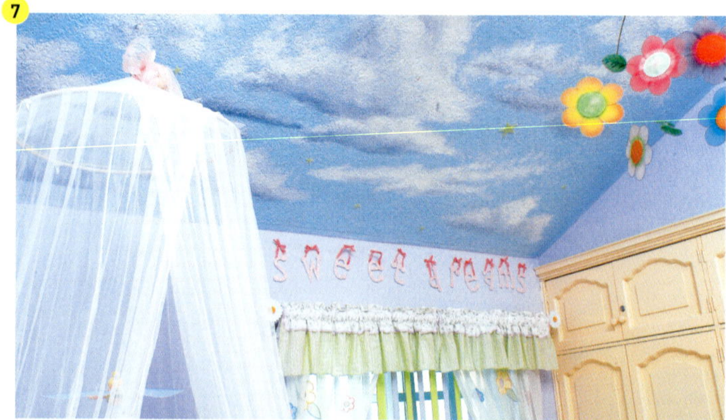

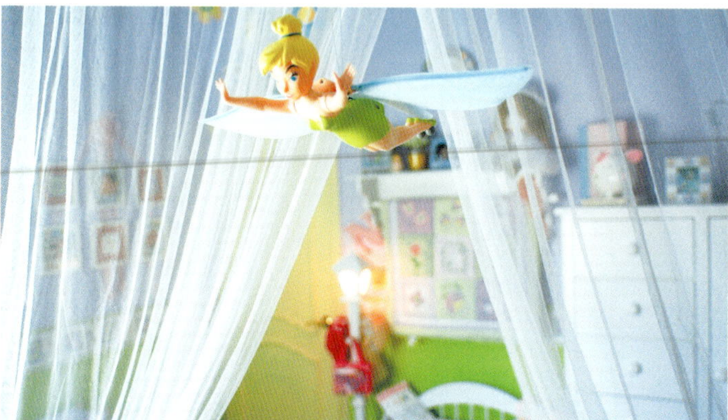

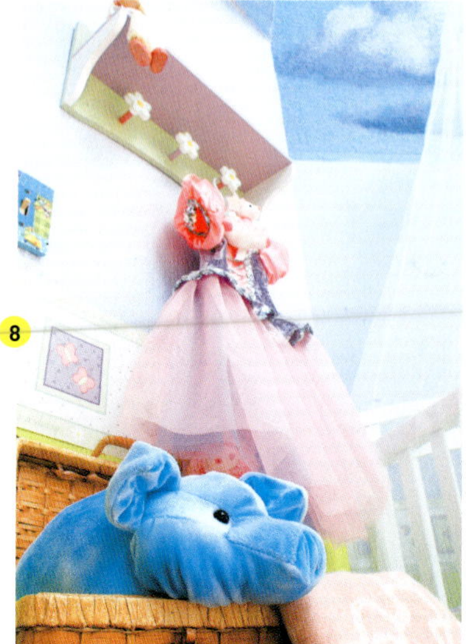

6 보라색, 분홍색, 하얀색, 연노랑색 등 따뜻한 컬러로만 꾸몄다.

7 구름이 그려진 하늘색 천장은 화가에게 부탁해 페인트로 그려 넣은 작품이다.

8 방 구석구석에는 푹신한 인형들을 배치해 포근함을 더했다.

8

니콜Nicole(2세,)
좋아하는 것: 아기 침대, 곰 인형 테디
장래 희망: 공주님

타니마라Tanimara(6세,)
좋아하는 것: 공주풍 전등
장래 희망: 가수

아빠: 회사 경영
엄마: 전업주부

10 창가의 서랍장 위에는 아이들이 어렸을 때의 사진들을 진열했다.

11 모든 가구와 벽. 소품을 파스텔 톤으로 통일한 것이 이 방의 포인트.

키아나와 알렉사 자매의 집은 산호초가 반짝반짝 빛나는 해안가에 위치한다. 틈나는 대로 정원 앞 풀장에서 물놀이를 즐기고 휴일에는 네 명의 가족이 바다로 나가 보드를 탄다. 사랑스러운 자매가 가장 좋아하는 장소는 전용 놀이방 속에 자리한 핑크 하우스. 여자아이들답게 벌써부터 엄마처럼 요리와 옷을 좋아한다. 창가에 앙증맞은 꽃이 만발하고 주방 시설이 완비된 그곳에서 자매는 시간 가는 줄 모르고 소꿉놀이를 한다. 놀이방 옆에 자리한 벽장은 패션쇼를 즐기는 멋쟁이 자매를 위한 드레스 룸으로 꾸몄다. 멕시코인 아빠와 미국인 엄마 사이에서 태어난 알렉사와 키아나는 2개 국어를 유창하게 구사한다. 아름다운 환경에서 부모의 사랑을 듬뿍 받고 자라나는 아이들이 앞으로 얼마나 근사한 숙녀로 커갈지 기대된다.

여자아이들의 로망! 사랑스러운 자매를 위한
핑크빛 주방과 드레스 룸

1 드레스 룸 벽장은 아이들이 좋아하는 화사한 모자와 드레스로 장식했다.

2 놀이방 속 핑크 하우스. 사랑스러운 공간에서 요리도 하고 꽃도 가꾼다.

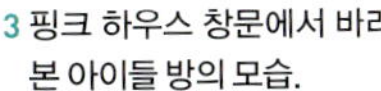
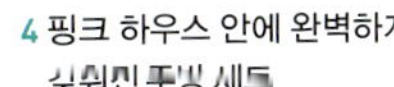

3 핑크 하우스 창문에서 바라 본 아이들 방의 모습.

4 핑크 하우스 안에 완벽하게 싯춰진 푸킹 세드.

알렉사 Aleksa (3세,)
좋아하는 것: 축구, 그림 그리기
장래 희망: 엄마처럼 되기

키아나 Kiana (5세,)
좋아하는 것: 핑크 하우스
장래 희망: 수의사

아빠: 레스토랑 체인점 임원
엄마: 전업주부

5 화사하고 차분한 자매의 침실. 연분홍색 캐노피 침대의 주인은 알렉스, 연보라색 캐노피 침대의 주인은 키아나.

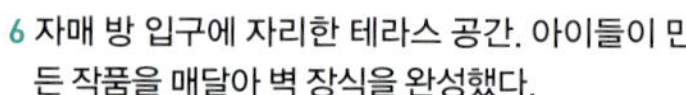

6 자매 방 입구에 자리한 테라스 공간. 아이들이 만든 작품을 매달아 벽 장식을 완성했다.

7 자매가 쓰는 욕실에는 엄마가 만든 사진 장식을 걸어두었다.

8 멋 부리기 좋아하는 자매의 리본 머리끈을 다 모았더니 소품처럼 보인다.

BRAZIL 브라질

상파울루 | São Paulo

브라질의 상파울루는 카니발로 유명한 도시. 바이바이는 카니발에서 늘 우승 후보로 거론되는 유명한 삼바 학교다. 이곳의 학생 중에는 음악가를 꿈꾸는 아이가 많다.

현재 브라질이 직면한 최대 문제는 세계에서도 유례를 찾아보기 힘든 엄청난 빈부 격차. 가난 때문에 의무교육조차 제대로 받지 못하는 아이들이 속수무책으로 늘어나고 있다. 설상가상으로 브라질은 견고한 학력 사회라 대학을 나오지 못하면 좋은 직장에 취직하기가 낙타가 바늘구멍 들어가기보다 힘들다. 많은 아이들이 학력 없이도 고수입이 보장되는 축구 선수, 가수, 연예인을 동경하는 것도 이 때문이다.

바이바이 삼바 학교는 일요일 오후 3세부터 17세까지의 아이들에게 3시간씩 타악기를 가르친다. 빈곤 계층인 80여 명의 학생들을 위해 수업료와 악기 대여료는 전부 무료. 아이들은 자신의 인생을 바꿀 수 있다는 일념 아래 진지한 얼굴로 장단을 맞추며 연주를 한다.

삼바 학교는 단순한 교육기관 그 이상이다. 학교를 중심으로 여러 행사가 열리고 학생들은 카니발이라는 최고 무대를 위해 땀 흘리며 연습하고 여기서 자연스럽게 강한 연대감이 싹튼다. 삼바 학교는 악기 연주를 가르치는 것만이 아니라 아이들의 협동심을 키워주고 자신감을 북돋아준다. 현재 상파울루 시내에만 54개의 삼바 학교가 있다. 빈곤 가정의 생활을 지원하는 삼바 학교는 브라질 사회에 희망의 불씨를 살리고 있다.

MAP C-7 ★ 006 page

남아메리카 대륙 브라질

São Paulo
상파울루

삼바 학교의 수업 풍경. 3세부터 17세까지의 아이들이 함께 연습하며 어린아이도 6개월가량 연습하면 제법 능숙해진다.

비니시우스와 펠리프가 사는 민트색 집은 상파울루 교외에 위치한 고급 주택지에 들어서 있다. 주변으로 세련되고 호화로운 주택이 즐비하지만 이들의 집은 그중에서도 단연 눈에 띈다. 엄마는 건물색을 상큼한 민트색으로 선택했고, 아빠는 독특한 디자인의 건물 양식을 선택했다. 비니시우스와 펠리프는 각자의 침실은 물론 함께 쓰는 놀이방과 화장실까지 있는 부러운 형제다. 비니시우스의 침실은 차분한 연두색으로, 펠리프의 침실은 청량한 파란색으로 칠했다. 천장 선풍기도 같은 색으로 통일한 것이 고급스럽다. 엄마는 맞춤 제작한 붙박이장과 침대 외에는 큼지막한 가구를 들이지 않아 어지러워지기 쉬운 형제의 방을 깔끔한 공간으로 완성했다.

1 형제가 사용하는 욕실. 디딤판과 자질구레한 물건을 담는 수납통의 깜찍한 무늬는 엄마 솜씨.

2 연두색으로 꾸민 비니시우스 방. 한쪽 벽 전체를 채운 붙박이장에는 옷과 자질구레한 물건을 차곡차곡 수납해 정리했다. 문을 닫으면 거짓말처럼 깔끔해진다.

3 아빠가 아이디어를 내고 건축가에게 디자인을 의뢰해 완성한 집.

4 두 아이의 침실에서 풀장이 내려다보이도록 설계했다.
5 붙박이장 문을 닫으면 아이 방인지 모를 만큼 모던한 공간으로 바뀐다.

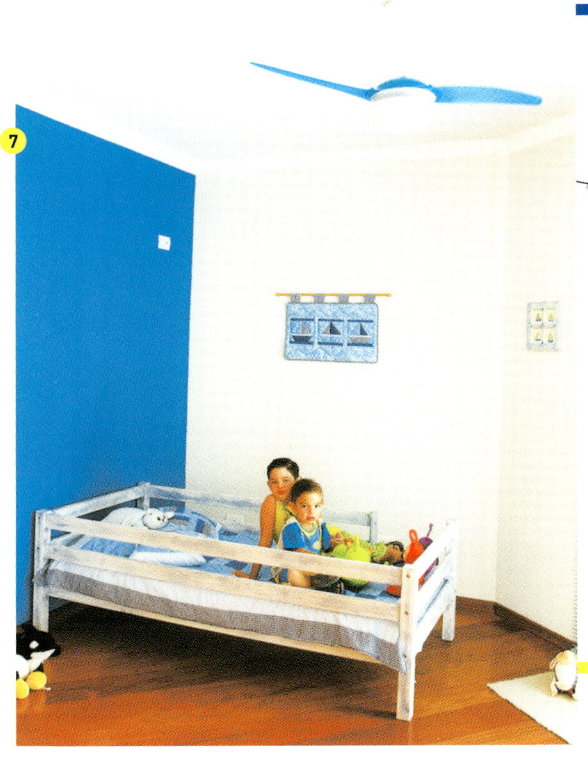

펠리프Felipe(3세,)
좋아하는 것: 장난감 자동차
장래 희망: 아빠처럼 되는 것

비니시우스Vinixcius(8세,)
좋아하는 것: 게임과 직소 퍼즐
장래 희망: 축구 선수

아빠: 사업가
엄마: 초등학교 교사, 인테리어 디자이너

7 펠리프 방은 선명한 파란색으로 꾸몄다. 컬러 선택은 아빠가, 침대의 페인트칠은 엄마가 담당했다.

8 현관에 들어서면 곧바로 보이는 널찍한 공간이 형제의 놀이방.

PERU 페루

리마 | Lima

매년 2월이면 페루의 수도 리마에서는 일
요일마다 행인들에게 마구 물세례를 퍼붓
는 카니발이 펼쳐진다. 버스 안 승객들에게 대형 물총을 쏘아대
고 자동차 창문을 겨냥해 양동이 가득 물을 뿌리는 건 기본. 건
물 옥상에서 한 바가지 물 폭탄이 쏟아지고 담벼락 뒤쪽에는 아
이들이 장난기 가득한 웃음을 감추며 잠복해 있다. 철썩철썩 물
세례와 비명소리로 가득한 도시는 물바다를 이룬다.

카니발은 본디 '사육제carnaval'를 뜻하는 종교적 의식이다. 가톨
릭에서는 예수님 부활제 전의 40일 동안 육류를 금하고 경건한
기도를 올리는 의례를 치른다. 금욕 생활을 앞둔 4일 동안 최대
한 즐기자는 것이 이 축제의 기원. 리마에서는 애당초 2월 내내
날마다 물세례를 퍼붓는 축제가 열렸는데 이로 인한 피해도 적
지 않아 현재는 일요일만으로 한정했다.

일요일이 되면 물 풍선과 수성페인트를 담은 양동이를 든 아이
들이 길거리를 활보한다. 아무 생각 없이 길을 다니다간 금세 꼬
마 공격자들의 사냥감이 되기 십상. 택시 안도 안전하지가 않다.
살짝 창문이라도 내릴라 치면 번개처럼 빠르게 큼지막한 호스가
창문 틈으로 비집고 들어와 소방차처럼 물
을 퍼붓는다. 졸지에 물대포를 맞았다
고 정색해서도 안 된다. 물 축제 기
간에는 물을 뿌리는 사람도 물을
맞는 사람도 웃는 얼굴을 보이는
것이 이곳의 규칙이니까.

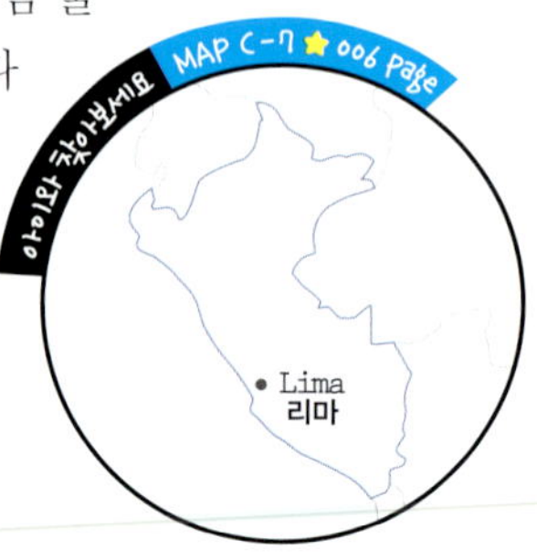

Lima
리마

1 물을 맞아도 다들 즐겁기만 하다.

2 대형 물총 덕분에 택시 안의 승객들도 물벼락의 대상이다.

3 집 앞에서 익살스러운 표정으로 행인을 기다리는 주민들.

4 카니발 기간이면 어른 아이 할 것 없이 물 축제를 즐긴다.

THE WORLD'S
ROOMS
FOR KIDS